コモンズと環境訴訟の再定位

法的人間像からの探究

小畑清剛 著
Obata Seigo

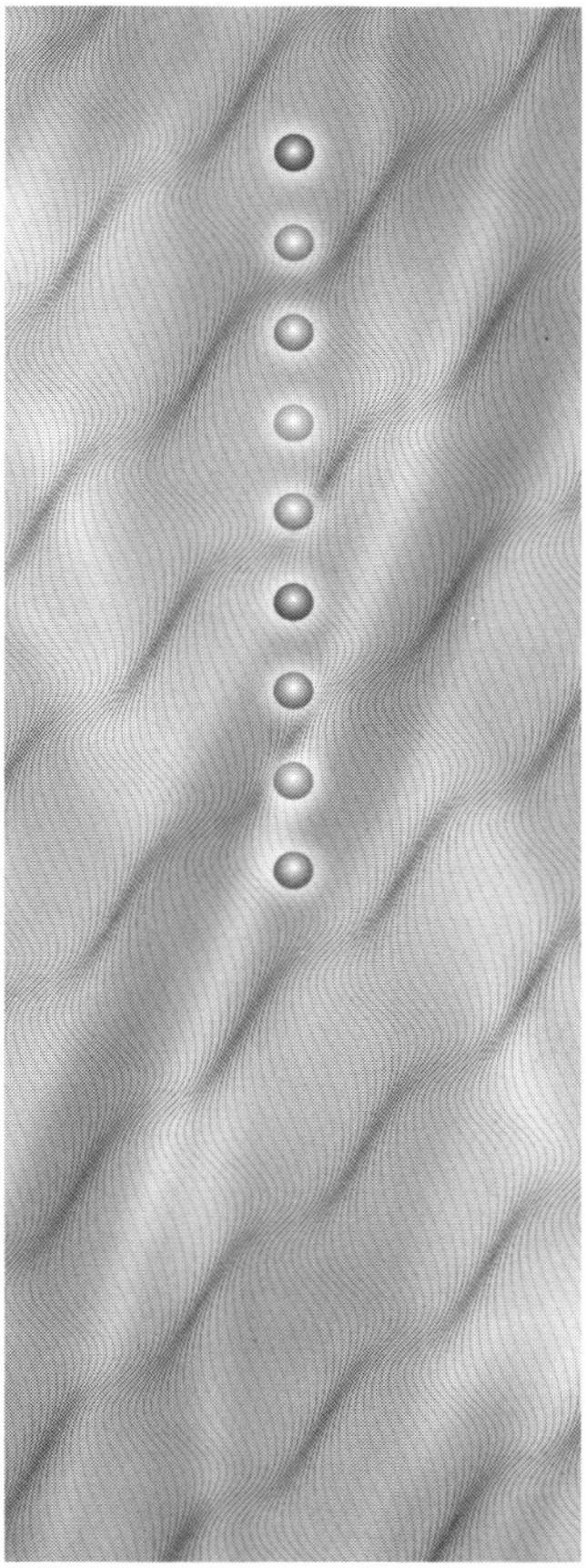

法律文化社

目次

序　章　コモンズと法的人間像

1　共同体的人間と近代市民法的人間

新カント学派の法哲学者G・ラートブルフの「法における人間」[1]およびドイツ労働法学の父H・ジンツハイマーの「法における人間の問題」[2]は、コモンズと環境（公害）訴訟というテーマに人間学的接近を試みる場合、貴重な示唆を与えてくれる。ラートブルフは、「ある法時代のスタイルにとって、その法時代が指向している人間像ほど決定的なものはない」という観点から、人間像の変遷こそ法の歴史において「時代を画するもの」であると考える。コモンズと環境訴訟という視座から、ラートブルフやジンツハイマーの人間像の変遷の理論は、共同体的人間↓近代市民法的人間↓現代社会法的人間と図式化することができるが、以下では今や環境破壊をもたらした西欧近代科学への反省から着実に再評価されつつある共同体的人間の特徴から見ておくことにしよう。それは、ラートブルフやジンツハイマーの示した図式に再考を迫ることになる。

ラートブルフによれば、共同体的人間は、「義務によって支えられる権利、つまり義務に適ったように行使されるという期待のもとに認められた権利」のみが認められている点に特徴を有する。この権利は、昔から「正しいもの」として繰り返し遂行されてきた行為が累積して自生的に形成された慣習・倫理・習俗・宗教・伝統などと結びついた法を通して、長い歴史をもつ共同体において自らに課せられた義務を果たすべき人間を前提としている。共同体的人間にとって、法は同時に祖先の英知・民族の良心の声・神々の意思であるゆえに、それは良き秩序を設計しようとする自由かつ聡明な主体による意識的な立法とは無縁のものである。ザクセン・シュピーゲルの序文にいわく、「この法は、私自身が考え出したものではない。それは、昔からわれわれに、われわれの善き祖先が伝えたものである」と。

ヨーロッパではルネッサンス・宗教改革・ローマ法継受によって、日本では開国・明治維新・西洋法継受によって、人間は共同体的束縛からの解放の第一歩を踏み出した。そして、資本主義的生産様式による経済発展は、それまでの共同体の課す義務に貫かれた社会関係を完全に解体し、自由な労働市場の形成を促した。その市場の下で、人々は商品交換の主体として、相互の独立性や自由な意思を承認し合い、社会関係は原則として自由な意思に基づく契約関係へと成熟していく。自由・独立・対等な当事者間の契約という観念の中心に据えられた商品所有者としての近代市民法的人間は、そのモデルとされた商人像に倣って、自由・独立・対等かつ利害計算に秀でた聡明さをその属性として付与されることになる。ラートブルフは、それを、「極めて利己的であるばかりでなく、その私利をはかるについても極めて狡猾な個人であり、彼はひたすらに、その打算された個人の利益を追求し、その追求にあたっては、一切の社会的束縛に拘束されることなく、また法的な束縛に従うとしても、その打算された個人利益そのもののためにそれに自己拘束されるにすぎない」存在として描き出した。

この近代市民法的人間像は、擬制的に構成された理念型的存在以上の平均的類型としての性格を有したゆえに、このような自由・独立・対等な人間が現実のものであるという素朴な信念に立脚しながら、法秩序が構築されることになった。そのため、法律上の可能性にすぎないものが事実上の可能性と誤って同視され、例えば形式的な法律上の契約自由が実質的な現実の契約自由と錯覚されてしまうという事態が生じた。ここに、イデオロギーとしての近代市民法の虚偽性の問題が胚胎していることは、多言を要しないであろう。

ラートブルフは、当事者主義的訴訟における弁論主義を、「相向う二人の老練な棋士のごとく、抜け目がなく、打算された利益に従って行動し、それゆえ、裁判官の援助を必要としない二人の敵対者が対等な立場において対峙するように、訴訟が構成されるべきことを意味する」と指摘した。二人の棋士すなわち双方の訴訟当事者は、自由かつ対等な立場で、訴訟が行なわれる〈法廷〉という闘技場（アリーナ）に「参加」するのだ。

ラートブルフの問題関心を継承したジンツハイマーは、民法を典型とする近代市民法が前提とする人間像は、現実の人間ではなく類型的存在としての人間であることを鋭く見抜き、それは「すべての外的諸規定から独立した自主的な存在であるという形而上学的特徴を共通にする」ものであって、この共通の特徴と矛盾するような具体的特性はすべて人間にとって非本質的なものとして扱われる存在である、と指摘した。つまり、性別・職業・能力・貧富・健康状態などを捨象した、（狡猾な商人あるいは老練な棋士のような）自己決定しうる自由・独立・対等なものが人間の本質とされ、このような抽象的なるものとしての人間の本質から出発する近代市民法秩序は、「〔右記の〕人間の本質に照応した自由の秩序であり、人間の具体的現実がいかにあるかを考慮しない自由の秩序である」ことになる。したがって、近代市民法的人間像は、「抽象的自由の人格化である法的人間像」となる。

鬼頭秀一の言葉を用いて言えば、共同体的人間は、彼（女）の仲間の人間および彼（女）を取り巻く自然と「生身」の関係をもち、近代市民法的人間は、そのような人間や自然と「切り身」の関係のみを取り結ぶ。(3) すなわち、共同体的人間が、社会的・文化的・宗教的つながりのネットワークの中で、総体としての自然や人間と関わりつつ、その両者が不可分な人間―自然系および人間―人間系の中で生業を営み、生活を行なっている一種の理念型の状態が、「生ま身」の関係として定義される。例えば狩猟や遊牧を生業とする典型的な共同体的人間は、北極圏のイヌイット・北海道のアイヌ・白神山地のマタギのように、彼（女）ら自身の生活の中で、つまり、ある特定の社会的・文化的・宗教的つながりの中での生業の営みの中で、狩りをし或いは飼育する過程において特別の感情を抱くに至った動物を、土地の神々への感謝や祖先の英知への讃嘆というような社会的・文化的・宗教的意味あいを持った特定の儀礼を仲間の人間たちと行ないながら、自ら殺してそれを食べるという、「生ま身」の関係をもつのである。

他方、近代市民法的人間は、資本主義経済によって形成された労働・土地・貨幣などを含む（擬制された）商品の市場により総体としての人間や自然から疎外されて、社会的・文化的・宗教的つながりから切り離されて認識された人間や自然との間で部分的な関係のみを取り結ぶことになる。マーケットで、互いに名前を知らない商人と客が、肉料理の材料となる動物の肉の「切り身」を売買する行為に象徴される関係が、まさに「切り身」の関係と定義されるのである。商人と客はともに自由・独立・対等な存在と見なされるが、人間―自然系および人間―人間系の中で相互に疎外されてしまうことになる。(4) つまり、最近は狂牛病騒ぎで少し事情は異なっているだろうが、本来商人は、例えば今は肉の「切り身」となっている牛が、誰によって飼育され、どのように屠殺されたか知ることはなかった。そして、肉を売る商人が初老の男性であろうと若い女性であろうと、またそれを買う客が金持ちの医師であろうと貧しい労働者であろうと、彼（女）らの具体的特性はすべて捨象されて契約当事者という抽象的な法主体と捉えられるのである。

2　近代市民法的人間と現代社会法的人間

J・ベンタムのように、近代市民法が想定する自由・独立・対等な法主体が、神の賜物である豊かな自然と向き合いながら勤勉に労働の汗をそそぐ時、人々はやがてほぼ均等な富の所有者となるであろうと資本主義の興隆期には予想されたが、その楽観は見事に裏切られ、資本主義の現実の発展は、十九世紀に至ると社会内部に大きな亀裂を生み出すに至った。資本主義の興隆期における自由放任経済政策がもたらすと期待された各人の富の増大と調和ではなく、現実には、富の偏在・失業・階級闘争・環境汚染・経済的危機の慢性化が出現したのである。このような社会状況の根本的な変化は、抽象的なるものという法的人間像の修正をも要請し、人々は近代市民法が想定するような抽象的・孤立的な存在ではなく、多様な経済・社会的諸条件に規定された具体的なるものであるとする新しい人間像が提示されることになった。それは、資本主義の発展により到来するとされたバラ色の未来像が急速に色あせ、「経済人の計算の網の目」に他ならない市民社会は、実は人々を個人的利益の追求のみに駆り立てて社会の連帯を掘り崩しながら勝者と敗者を創り出す分裂社会に他ならないという悲観論の台頭と並行している。法主体の平等・契約の自由・自己責任原則などの近代市民法原理は、とくに工場や鉱山の労働条件や環境条件をめぐって深刻な問題を露呈させたが、その実態は、F・エンゲルスの『イギリスにおける労働者階級の実態』や横山源之助の『日本之下層社会』そして細井和喜蔵の『女工哀史』などに詳細に記されている(5)。

このような社会情勢を直視して、ラートブルフは、近代市民法が想定する抽象的な人間像に対して、「遥かに生活に密着した類型」として、社会の中の人間である「集合人」と名づけたヨリ具体的な人間像を新たに提起した。「集合人は、背後の社会集団内に位置づけられた類型として、それゆえ一層の具体的特性を有する数個の人間像」として現れるが、その集合人においては「平等者間の交換的正義に代わって、社会的な強者を抑制し、弱者を保護する、配分的正義＝実質的正義が支配」する。交換的正義に基礎づけられた近代市民法の典型は民法であるが、具体的なるものとしての人間のために配分的正義＝実質的正義が要請される現代社会法の典型は労働法である。

現代社会法的人間像は、自由・独立・聡明な近代市民法的人間像と異なり、その個人の属する階級・階層などといった社会的背景を包摂したヨリ具体性に富むものとなる。すなわち、資本主義経済の発展により、企業〔資本家〕―労働者という新たな関係が生じ、そこにおいて労働者は従属的かつ不自由な存在となり、彼（女）を取り巻く社会諸条件は、彼（女）をしてその聡明な計算に基づく見通しを放棄させ、みすみす自己にとって著しく不利な経済関係に入り込むよう強要する。このような資本家＝強者⟷労働者＝弱者という力の非対称関係においては、ジンツハイマーが唱えた「法における人間の具体性の増大化法則」が象徴するように、自由によって特徴付けられる抽象的存在である近代市民法的人間と較べて、従属性によって特徴付けられる階級的存在である現代社会法的人間は、例えば〈法廷〉においても裁判官によって各々の具体的特性を配分的正義＝実質的正義の観点から汲み上げられることをヨリ真剣に訴えなければならない存在なのである。〈法廷〉という闘技場に「参加」する双方の訴訟当事者は、今や力の互角な二人の棋士ではなく、企業〔資本家〕＝強者と労働者＝弱者という、実力において圧倒的な非対称の関係にある存在なのである。それは、公害訴訟における、公害加害企業＝強者⟷公害被害者＝弱者という関係も同様である。

抽象的なるもの＝近代市民法的人間像から具体的なるもの＝現代社会法的人間像への変化は、それと連動して次のような人間の生存状態の変化をもたらす。①現代社会法は、人間にあらゆる権利を取得する抽象的能力を保障するものではなく、人間の生存の具体的存続にのみ責任をもつものであるから、人間の生存の様式に関して変化をもたらす。②現代社会法は、その法律効果が、すべての経済的諸条件から解放された純粋な意思に基づいて生じるものではなく、生存が存続すべき人間の具体的状態がその発生を必要とするゆえに生じるものであるから、人間の生存の基礎に関して変化をもたらす。③現代社会法は、人間が商品所有者であるからではなく、人間が人間であるがゆえに生存権を有すると考えるから、人間の生存の形式に関して変化をもたらす。(6) 環境汚染の発生も、人間の生存が存続することの前提条件を脅かすものであるから、公害訴訟においては人間―自然系および人間―人間系における「生ま身」の関係への一定限度の回帰が求められることになる。

このように、現代社会法への変化が人間の生存の様式・基礎・形式に関する変化を伴うとしても、あくまでそれは近代市民法の個人主義を前提としたものであるにすぎない。加古祐二郎が指摘するように、法的人間像が現実的人間の単なる映像にとどまる限り、現代社会法が近代市民法に較べてヨリ具体的に人間を把捉しうるとしても、それはなお一面的たるを免れず、階級主体としての人間像も、所詮は「社会定型化主体」であるにすぎないのである。ここで言う階級主体は、もちろん革命的歴史的存在ではない。人間の生存が存続すべき具体的状態に責任を負う、この現代社会法的人間としての階級主体も、マルクス主義の立場からすれば、「従属性の否定乃至は止揚を志す革命的歴史的存在としては捉えられない所に、依然として内在化された階級人が表象されている」にすぎないものと見なされ、経済的土台が産み出す諸矛盾を法＝上部構造の内部で弥縫的に修正するためのものと理解されることになる。(7) この「社会定型化主体」ないし「理念として内在化された階級人」の問題は、ジンツハイマーが、法的人間像の転換を、「資本の専制―労働の従属」関係を意識した労働者の自己解放運動の所産としては理解せず、むしろ階級闘争とは切り離された超越的な法理念の自己遷移として考えているのではないかという疑念と結びついている。(8)

それは、ジンツハイマーが提示した「増大化法則」が、具体的なるものとしての人間の階級闘争の産物として顕在化されるものなのか、それとも新たな法理念が自然発生し、それが自己展開することにより実現されるものなのかという、法の担い手論に関わる論点を開示することになる。

法の担い手論にとって重大な意味をもつのは、後進資本主義国であった日本の歴史的特殊事情である。すなわち、第一次世界大戦を契機とする日本における資本主義の急激な発展は、労働力市場の広汎な形成と流通過程の大規模な展開を帰結したが、それは資本主義の高度化に伴う階級対立の激化と労働運動の広範な発生をもたらすことにより、資本制に内在していた前近代的＝非民主的な支配構造に動揺を与えるに至った。労働者の労働基本権の確立要求は、近代市民法規範の権利・義務関係が社会的に貫徹することへの要求、すなわち家父長的＝身分的支配および共同体的支配をもたらす前近代的＝非民主的な規範体系の解体の要求を意味するものであるが、それは「絶対主義権力構造のゆえに、明治民法の私的私有の絶対性と契約の形式的自由がほかならぬ前近代的規範の貫徹のための権力的支柱の一つを形成するという法構造」の下においては、同時に「古典的市民法の原理に対する修正の要求」という形で提起されざるをえないものであった[9]。かくして、労働者の要求は、前近代的＝非民主的な共同体的支配の打破という近代市民法的要求と、近代市民法原理に階級的視点から修正を課すことを求めるという現代社会法的要求の「重層性」において現出することになる。ともに具体的なるものとしての現代社会法的人間を前提とするゆえに公害法原理が労働法原理に類似する以上、共同体的差別に苦しむ川本輝夫のような水俣病患者の要求も、このような重層性を帯びることになる。

磯村哲は、末弘厳太郎の「市民法学」は、一方で「家産的支配の性格を濃厚にとどめる官僚国家的政治構造と半封建的社会構造」を批判することにより近代市民法原理の定着を目指し、他方で同時に、労働者階級の「下から」

の変革要求を反映し、「支配権力（基本的には民主化への推進力を失っていたブルジョアジーを含めて）とその法的イデオロギー」に対する「反対科学」としての性格を担うことにより現代社会法原理の確立を目論む、という二つの使命を重層的に課されていたと指摘する。それゆえ、磯村は、末弘の「市民」法学を日本の「社会」法学の典型と見なすが、その双面神的性格は、石田雄の言う労働者の要求の重層性[10]への対応を可能にするものであった。末弘の「社会」法学およびそれを継承する戒能通孝の「社会」法学こそが、近代的所有権を絶対視して「入会権の解体テーゼ」を唱える川島武宜の「概念法学」（？）への「反対科学」として、今日、コモンズ論の観点から再評価されつつあるものなのである。ただし、エリートとしての「市民」を重視する戒能が主に橋本文雄の理論[11]を念頭において、「社会法」に対する警戒心を率直に示していること[12]を見逃してはならないけれども。

3　コモンズとは何か？

それでは、一体コモンズとは何なのであろうか。ここでは、日本を代表するコモンズ研究のトップランナーたちによる定義の幾つかを、少し詳しく紹介しておくことにしたい。

英米法を専攻する平松紘は、『イギリス環境法の基礎研究』（敬文堂、一九九五年）において、コモンズを次のように定義する。

本書では、コモンズを定義して、土地、空気、水などの地球上の主たる資源について、人々が共同してエクイタブルにアクセスもしくは使用でき、だれもがそれらを破壊することのできない社会制度、としておきたい。これは……コモンズを、共有、共有地、ときには共同所有地と表現することの誤りを認識した筆者なりの定義である。その認識は、近代的土地所有制度はだれもが所有権を有していない「共有の資源」としての土地の存在を許さない、という点を前提とする。近代的土地所有権制度が貫徹する社会（国家）では、私的所有下にない共有財産を想定することは誤りである。たとえ所有形態が明らかでなく、「所有者のいない」土地を想像することはできても、それは「共有地」とはいえない。しかし私有財産制の下でも、土地は市場化の機会のみならず共有資源としての機会を残し、限りなく共有の性格を有する利用権が成り立つ可能性はある。なぜならば、土地の利用にも、固定された資源という土地のもつ特徴からくる共同体的な土地への愛着（歴史的ストック）、という契機が備わっているからである。

環境社会学を専攻する鳥越皓之は、『環境社会学』（放送大学教育振興会、一九九九年）において、コモンズを次のように定義している。

英語のcommonsは、最近はカタカナで「コモンズ」と訳されることも少なくないが、伝統的には『入会（地）』と日本訳される。イギリスでの使用例からみても、入会地が典型であるから、この訳でよいのであるが、……コモンズという概念は入会地だけでなく、もっと広い意味をもっている。語源的にみてもcom＝共有の、共同の、mon＝サービスという意味だから、共同のサービスをおこなっている対象をコモンズと呼んでもいっこうに差し支えないということになる。……コモンズを非常に広い意味にとって、ローカル・コモンズ（入会地、焼畑農地など）、リージョナル・コモンズ（森林・河川資源など）、グローバル・コモンズ（大気など）の三種に分けて、環境問題を考えようとする人もいる。入会地などはその使用は特定のメンバーに限られているが、大気になるとだれが使ってもよいわけで、使用制限の程度でこの三分類は成り立っている。……コモンズは私的所有や私的管理に分割されないとともに、国や都道府県などの行政の公的管理に包摂されないもので、地域住民の共同管理による地域空間やその利用関係をさす、と定義する人もいる。この私的と公的を区別した「共的」という表現はコモンズの性格を知るうえで本質をついた分かりやすい表現だと思う。

理論経済学を専攻する宇沢弘文は、『社会的共通資本』（岩波書店、二〇〇〇年）で、コモンズの次のような定義を提示している。

コモンズの概念はもともと、ある特定の人々の集団あるいはコミュニティにとって、その生活上あるいは生存のために重要な役割を果たす希少資源そのものか、あるいはそのような希少資源を生み出すような特定の場所を限定して、その利用にかんして特定の規約を決めるような制度を指す。このように、コモンズというときには、特定の場所が確定され、対象となる資源が限定され、さらに、それを利用する人々の集団ないしはコミュニティが確定され、その利用にかんする規則が特定されているような一つの制度を意味する。……伝統的なコモンズは、灌漑用水、漁場、森林、牧草地、焼き畑農耕地、野生地、河川、海浜など多様である。さらに、地球環境、とくに大気、海洋そのものもじつはコモンズの例としてあげられる。これらのコモンズはいずれも、さきに説明した社会的共通資本の概念に含まれ、その理論がそのまま適用されるが、ここでは、各種のコモンズについて、その組織、管理のあり方について注目したい。とくに、コモンズの管理が必ずしも国家権力を通じておこなわれるのではなく、コモンズを構成する人々の集団ないしコミュニティからフィデュシアリー（fiduciary: 信託）のかたちで、コモンズの管理が信託されているのが、コモンズを特徴づける重要な性格であることに留意したい。また、所有権の概念について、……単純な論理的所有関係ではなく、特定の社会的条件のもとで、歴史的に規定された複雑な内容をもつものが、コモンズについて一般的であって、権利、義務、機能、負担にかんする輻輳した体系から構成されている。

森林政策学を専攻する井上真は、『コモンズの思想を求めて』（岩波書店、二〇〇四年）で、コモンズを次のように定義する。

コモンズ（commons）とは入会地あるいは共有地のことである。もっと簡単にいうと、……「みんなのモノ」である。

……現在なされているコモンズの議論では、森・川・海・温泉など地域資源を共同で利用・管理する制度、および利用・管理の対象である資源そのものの両方を含む意味でのコモンズという用語が利用されている。たとえば、イングランドでは、土地の所有権は貴族が有するもの、地域の農家が羊などの放牧のために共同で利用する土地が広範に存在する。このような土地は共用地（common land）と呼ばれている。そして、一つの共用地と、その共用地を共同で利用・管理する制度を含めてコモン（common）と呼んでいる。コモンズ（commons）はその複数形である。……パプア・ニューギニアやソロモン諸島では、共用地を利用し管理している集団自体が土地を法的に所有している。このように多様な所有や利用の実態を包含し、同じ土俵上での議論を可能とする定義が必要である。……私自身はコモンズを、「自然資源の共同管理制度、および共同管理の対象である資源そのもの」と定義した。……「ローカル・コモンズ」とは、自然資源を利用しアクセスする権利が一定の集団・メンバーに限定される管理の制度あるいは資源そのもののことである。……日本の入会制度あるいは入会林野、および熱帯地域の先住民たちによる森の共同利用・管理制度あるいは共有林は、代表的なローカル・コモンズである。……〔他方〕自然資源を利用しアクセスする権利が一定の集団・メンバーに限定されない管理の制度あるいは資源そのもののことを、「グローバル・コモンズ」と定義することが可能となる。

そして、「所有よりも利用や管理に着目したい」と言う井上は、「現存するローカル・コモンズ（資源および制度）は、利用に関する規制の有無を基準として二つに分類することができる」と指摘する。すなわち、「第一は、利用について集団内である規律が定められ、利用に当たって種々の明示的あるいは暗黙の権利・義務関係がともなっている『タイトなローカル・コモンズ（Tight Local Commons）』である。第二は、利用規制が存在せず、集団のメンバーなら比較的自由に利用できる『ルースなローカル・コモンズ（Loose Local Commons）』である。この場合、利用規制等は慣習法に組み込まれておらず、十全な共同管理がなされているとは言いがたい」。

以上、英米法・環境社会学・理論経済学・森林政策学という様々な分野の研究者によるコモンズの定義を確認してきた。すべての研究者による定義で重なり合っている部分ももちろん多いが、互いに鋭く対立する見解が示されていることも否定できない。また、例えば、井上真の定義について、「〔井上真のようにローカル・コモンズとグローバル・コモンズの〕性質の違いを棚に置いて先ずは共通点のカテゴリー化を、というのでは正しい認識にも精密な政策立案にも到達しえないであろう」という辛口の評価が、池田恒男によって下されていることも注目される。[13]

しかし、コモンズのような新しい研究対象に接近する場合、コモンズの定義はそれほど厳密なものでなくてもよいと思われる。コモンズという対象自体が、L・ヴィトゲンシュタインの言う「家族的類似性」のみをもつのであるから、あまりに正確な定義づけを求めると、議論が硬直化してしまい、発想が自由に展開しなくなる惧れがある。もちろん、議論の明白な矛盾や混乱は批判されなければならないが、コモンズ研究の現状は、レトリック論で言う「批判（クリティカ）」の段階ではなく、それに先立つ「問題発見（トピカ）」の段階にあると考えられる。[14] それゆえ、多様な関心からコモンズへの接近を試みる研究者が独自の問題発見に至ることを可能にする自由な発想は断じて萎縮されるべきではないのである。

4　様々なコモンズと環境問題

したがって、コモンズと関連づけて環境（公害）訴訟の分析を試みるために、以下では前出のような先学の諸研究を踏まえつつも、その分析に相応しい新たな二つの視座から、まずコモンズをそれぞれ三分類し、それらを互いにクロスさせる方法で議論を進めていく。

しばしばコモンズはローカル・リージョナル・グローバルと区別されているが、それを自然資源・自然空間・自然資本と組み替える。

(Ⅰ)自然資源コモンズ——動物、樹木、草、山菜、キノコ、海藻、貝、イカ・タコ、温水、薪炭など。

(Ⅱ)自然空間コモンズ——森林、牧草地（草原）、海浜、海洋、河川、湖沼、イノー（サンゴ礁湖）、汽水域、湿地、温泉など。

(Ⅲ)自然資本コモンズ——大気、土壌、海水、陸水、日照、景観、静寂など。

(Ⅱ)の森林や牧草地のような自然空間コモンズが本来的な意味でのコモンズであろうが、その空間で捕獲・採取される動植物などもしばしばコモンズと呼ばれるので、それを(Ⅰ)自然資源コモンズと呼ぶことにした。G・ハーディンは、論文「コモンズの悲劇」[15]において、利己的に行動する牛飼いが牛の頭数を増やして過放牧となると牧草地が消滅してしまうことを示唆している。この場合、一見、牧草地という自然空間コモンズの消滅が問題とされているように見えるが、実は牧草という自然資源コモンズが多すぎる牛によって食べ尽くされてしまうことにこそ、問題の原点が存在しているのである。樹木が一本も生えなくなったハゲ山が山林とは言えないように、また温水が涸れてしまった泉が温泉とは呼べないように、いわゆる牧草地・山林・温泉のような自然空間コモンズは自然資源コモンズが存在することを論理的に前提としているのである。

また、(Ⅲ)の自然資本コモンズは、社会的共通資本の一部であるが、グローバル・コモンズと呼ばれるものにほぼ対応している。ここでは、必ずしもグローバルとは限らない景観・日照などの重要な自然資本を含めて捉えたいので、自然資本コモンズと名付けることにした。「西陣織の手機の音」をコモンズとする興味深い見解も示されているが[16]、以下では騒音が問題となった大阪空港公害訴訟や名古屋新幹線公害訴訟の検討を試みるので、むしろ「音の欠如」＝「静寂」をこそコモンズと理解しておきたいと思う。

もう一つの視座は、ほとんど井上真のそれと同一の、コモンズの管理・利用に関する規制の有無および程度に関するものである。

ⓐアクセスフリーなオープンコモンズ

ⓑルースなクローズドコモンズ

ⓒタイトなクローズドコモンズ

かくして、コモンズは原則として(Ⅰ)(Ⅱ)(Ⅲ)の三通り×ⓐⓑⓒの三通り＝九通りに分類可能となる。例えば、誰もが自由に出入りできる森林は、(Ⅱ)自然空間コモンズ＝ⓐアクセスフリーなオープンコモンズであるが、そこに生えている山菜やキノコの利用がその森林を管理している地元の村民のみに厳しく制限されている場合、それは(Ⅰ)自然資源コモンズ＝ⓒタイトなクローズドコモンズということになる。アクセスフリーな自然空間コモンズと権利主体に関してクローズドな自然資源コモンズの緊張関係は、世界遺産に指定された白神山地の入山規制問題で浮上してくる。ここでは、都会に住む市民（＝近代市民法的人間）である登山家・自然愛好家・観光客らがブナ原生林に自由にアクセスする権利を保障しつつ、彼（女）らの中の一部の不心得者が山菜やキノコを違法に採取することから山村に住むマタギ（＝共同体的人間）らの生業とする山菜やキノコの利用を守り続けることが可能かが、問題となるのである。

また、作家の松下竜一らが原告となった豊前環境権裁判において、その第一一回公判で〈法廷〉の証言台に立った高崎裕士（兵庫県高砂市）は、「入浜権宣言」（一九七五年）を読み上げた。[17]「宣言」にいわく、

古来、海は万人のものであり、海浜に出て散策し、景観を楽しみ、魚を釣り、泳ぎ、あるいは汐を汲み、流木を集め、貝

を掘り、のりを摘むなど生活の糧を得ることは、地域住民の保有する法以前の権利であった。また海岸の防風林には入会権も存在していたと思われる。われわれは、これらを含め「入浜権」と名づけよう。今でも、憲法が保障するよい環境のもとで生活できる国民の権利の重要な部分として、住民の「入浜権」は侵されてはならないものと考える。しかるに近年、高度成長のもとにコンビナート化が進められ、日本各地の海岸は埋立てられ、自然が大きく破壊されるとともに、埋立地の水ぎわに至るまで企業に占拠されて住民の「入浜権」は完全に侵害されるに至った。多くの公害もここから発している。われわれは、公害を絶滅し、自然環境を破壊から守り、あるいは自然を回復させる運動の一環として、「入浜権」を保有することをここに宣言する。

豊前環境権裁判は、豊前入浜権裁判と言い換えてもよいほど、入浜権的思考と深く結びついている。しかし、「(市民が散策する)海浜」と「(漁民に釣り上げられる)魚」は、コモンズとしての性格を異にしている。一般的に言って、海浜は、(II)自然空間コモンズ＝ⓐアクセスフリーなオープンコモンズと考えることができよう。しかし、畠山武道も言うように「海における釣りには様々な規制がある」。すなわち、ほとんどの海岸には漏れなく漁業権が設定されているが、漁業権なしに網を使った漁業をすることはできない。さお釣りは一般に可能であるが、最近は釣り人が著しく増加し、漁民を悩ませるに至っている。そのため、北海道は二〇〇一年四月に「北海道遊魚指針」を制定したほどである。[18] それゆえ、「宣言」に言う「魚を釣り、……貝を掘り、のりを摘むなど生活の糧を得ること」という部分に関しては、その魚・貝・のりなどのコモンズは、(I)自然資源コモンズ＝ⓒタイトなクローズドコモンズと考えられるのである。

淡路剛久も、入浜権には「一般公衆の自由使用の面」と「地域住民による入浜慣行の面」があると指摘する。[19] 前者は市民(＝近代市民法的人間)のリクリエーションすなわち海浜での散策や景観を楽しむことなどに関わり、後者は漁民（＝共同体的人間）の生業すなわち魚釣り・貝掘り・のり摘みなどにより生活の糧を得ることに関わっている（漁民の中に近代市民法的人間となった存在も少なくないために、例えば陸人〔アギンチュー〕と海人〔ウミンチュー〕の緊張関係が発生することは、石垣島白保のオバア（婦人）たちの（無）権利の問題に即して、後に詳論する）。ともあれ、入浜権の有する二つの面は、それぞれが性格を異にするコモンズを前提としていることを物語っている。大塚直も、入浜権が入会権にヒントを得て提唱されたものであることを認めた上で、入会権と入浜権は、①権利主体が地域住民に限定されている入会権に対し、入浜権は不特定多数の人々に開かれていること、②入浜権は、散歩や海を眺めるような、入会権よりも広範囲の利益内容が含まれていること等の相違があると論じている[20]。これらの「相違」も、入浜権と入会権がそれぞれ前提としているコモンズが性格を異にしていることを反映している。しばしば小繋部落の農民のような共同体的人間が想定される権利主体に関してのみ開かれている入会権は、ⓐアクセスフリーなオープンコモンズとは無縁であるが、入浜権は、その「一般公衆の自由使用の面」において、すべての市民（＝近代市民法的人間）が利用できるアクセスフリーなオープンコモンズと深く関わっているのである。ここでも、白神山地の事例と同様、都会に住む市民（＝近代市民法的人間）が海浜に自由にアクセスする権利を保障しつつ、彼（女）らの中の一部の不心得者が魚や貝を違法に採取することから漁村に住む地域住民（＝共同体的人間）らの生業とする魚や貝の利用を守り続けることが可能かが、問題となるのである。

　他方、土呂久鉱害訴訟の原告は、〈法廷〉で、大気がクローズドコモンズではなく、オープンコモンズであるからこそ、それへのフリーアクセスが生命維持の必要条件となる(Ⅲ)自然資本コモンズが亜砒焼きで汚染されることにより、不可避的にすべての周辺地域住民が重篤な慢性砒素中毒症となったことを主張した。大気という人間の生存に不可欠な自然資本コモンズが逆に彼（女）らの生存を危機に陥れているという公害被害者の有するパラドクシカ

図１　法的人間像とコモンズの関係

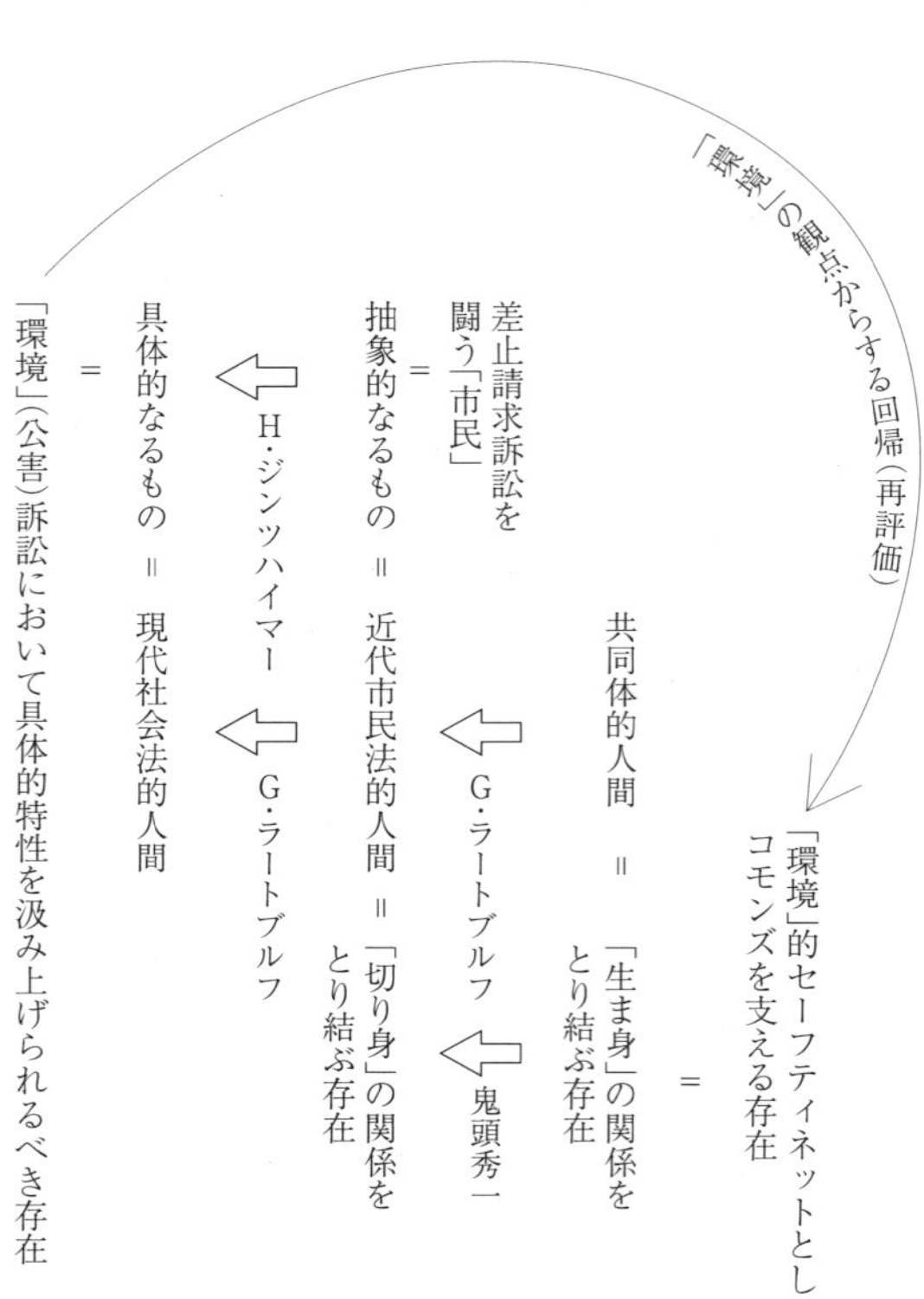

ルな具体的特性を判決で汲み上げてくれるように、裁判官に訴えたのである。つまり、原告は、〈法廷〉で、（自然資本コモンズの汚染に責任を負うべき）企業＝強者⟷（生命維持のために汚染された自然資本コモンズ＝大気を呼吸しなければならない）公害被害者＝弱者という力の非対称の関係を、裁判官が判決で配分的正義＝実質的正義の観点から正すことを求めたのであった。ここでは、原告は、抽象的なるもの＝近代市民法的人間としてではなく、重篤な公害病に冒されている高齢の患者という具体的なるもの＝現代社会法的人間として〈法廷〉に登場することになる。

また、水俣病は、チッソ水俣工場が海水という自然資本コモンズへ排出した無機水銀が、海中での食物連鎖の中で有機水銀化し、不知火海という自然空間コモンズを汚染し、さらにそこに生息する自然資源コモンズである魚介類の体内に蓄積され、これを摂取した人々がメチル水銀中毒を発症したものである。水俣病訴訟においても、具体的なるもの＝現代社会法的人間である原告（あるいは川本輝夫のような被告人の）患者は、公害加害企業＝強者⟷公害被害者＝弱者という力の非対称の構図を前提に、労働法原理に類似した公害法原理の、「弱者保護＝被害者救済・強者抑制＝加害者制裁」法理が適用されることを主張したのである。

石油コンビナート六社が大気中に排出した二酸化硫黄が呼吸器系疾患を惹き起こしたとされる四日市ぜんそく訴訟や、工場九社と国道四三号線によって大気中に排出された二酸化窒素や浮遊粒子状物質が健康被害をもたらしたとされる尼崎大気汚染公害訴訟からも明らかなように、(Ⅲ)（大気のような）自然資本コモンズの多くはⓐアクセスフリーなオープンコモンズであるから、その汚染された自然資本コモンズを原因とする公害病は、非常に多くの人々を苦しめるのである。すべての人間に公害病を罹患する危険性がある以上、誰もが〈法廷〉で現代社会法的人間となる可能性に開かれている。

本書で展開される法的人間像とコモンズの関係をあらかじめ簡単に図示しておくことにしよう（図1）参照。

（1）以下のラートブルフの議論はすべて、G・ラートブルフ『法における人間』桑田三郎ほか訳（東京大学出版会、一九六二年）三頁以下による。
（2）以下のジンツハイマーの議論はすべて、H.Sinzheimer Arbeitsrecht und Rechtssoziologie, Bd.2 Frankfurt a.M.,1976,S.53f による。
（3）以下の見解について、鬼頭秀一『自然保護を問い直す』（筑摩書房、一九九六年）一一五頁以下。
（4）藤原保信『政治理論のパラダイム転換』（岩波書店、一九八五年）八四頁以下。
（5）小畑清剛『法における人間・人間における倫理』（昭和堂、二〇〇七年）二一九頁以下。

(6) 片岡曻『労働法の基礎理論』(日本評論社、一九七四年)序章参照。
(7) 加古祐二郎『近代法の基礎構造』(日本評論社、一九六四年)二四三頁。
(8) H・ジンツハイマー『労働法原理(第二版)』蓼沼謙一ほか訳(東京大学出版会、一九七一年)。
(9) 以下の指摘は、磯村哲『社会法学の展開と構造』(日本評論社、一九八六年)二四頁以下による。
(10) 石田雄『近代日本政治構造の研究』(未来社、一九五六年)一八三頁。
(11) 橋本文雄『社会法と市民法』(有斐閣、一九五七年)参照。
(12) 戒能通孝「市民法と社会法」『法律時報』三〇巻四号所収参照。
(13) 池田恒男「『コモンズ論』と所有論」鈴木龍也ほか編『コモンズ論再考』(晃洋書房、二〇〇六年)五頁以下。
(14) G・ヴィーコのトピク論については、清水幾太郎『倫理学ノート』(岩波書店、一九七二年)、小畑清剛『レトリックの相剋』(昭和堂、一九九四年)等参照。
(15) G・ハーディン「共有地の悲劇」京都生命倫理研究会訳編『環境の倫理・下』(晃洋書房、一九九三年)四四五頁以下。
(16) 箕浦一哉「音環境の共有」宮内泰介編『コモンズをささえるしくみ』(新曜社、二〇〇六年)一五〇頁以下。
(17) 松下竜一『豊前環境権裁判』(日本評論社、一九八〇年)二七〇頁以下。
(18) 畠山武道『自然保護法講義(第二版)』(北海道大学出版会、二〇〇一年)二五五頁。
(19) 淡路剛久『環境権の法理と裁判』(有斐閣、一九八〇年)八五頁以下。
(20) 大塚直『環境法(第二版)』(有斐閣、二〇〇六年)五〇六頁以下。

第一章　チッソ水俣病川本事件訴訟——近代市民法的人間像と現代社会法的人間像

1　水俣病と川本輝夫の闘い

水俣病は、熊本県および鹿児島県の不知火海沿岸で大量発生したメチル水銀中毒である。(1) チッソ株式会社の水俣工場は、アセトアルデヒドの生成過程での副生産物である無機水銀を排出し、これが海中での食物連鎖の中で科学的・生物的変化を起こしてメチル水銀化して、魚介類の体内に高濃度で蓄積され、これを摂取した人々が重篤な中毒症状におちいった。一九三〇年代から患者は報告されていたが、その原因をめぐって爆薬説・アミン説等の様々な見解が対立し、被害拡大・救済遅延を招いた。一九六八年、政府の公式見解により、チッソ水俣工場の排水が原因であると特定されたが、患者の救済は、その時から新たな困難に直面する。すなわち、一九七〇年以降、水俣病の未認定患者の認定問題が大きく浮上したのである。

一九七〇年八月、川本輝夫ら九名の未認定患者は、熊本・鹿児島両県知事の認定申請棄却処分を不服として、水俣病事件としては初めて厚生大臣（当時）に対して行政不服審査請求を行なった。患者側は、翌年三月、県知事が示した簡単な弁明書に対して詳細な反論書を提出するとともに、現地審尋・口頭による意見陳述・水俣病研究者の参考人意見陳述を求めた。これらの審理手続きを通して、従来の認定基準を含めて認定制度全体の問題点が次々と明らかになったこともあり、大石武一環境庁長官（当時）は、八月七日、患者側の主張を正当と認め、認定申請棄却処分を取り消す旨の裁決を行なった。この裁決により水俣病認定基準が改められ、認定枠も拡大されたため、潜在患者の認定申請は著しく増大した。一〇月に認定された川本らは、直ちにチッソとの補償交渉を開始するが、そこには再び困難が待ち受けていた。新しい認定基準で認定された患者は、当時「新認定患者」と呼ばれたが、旧認定基準に固執する一部の医学者は、新しい認定基準を公然と批判し、これによる認定は、「医学上の水俣病」ではなく、「行政上の水俣病」であるという見解すら示していた。チッソは、この（詐病を暗示するような）見解を利用して、新・旧認定患者を同一に扱うことはできないと主張し、補償問題の処理を中央公害審査委員会（当時）の調停に委ねたいという意向を表明した。そのため、新認定患者は、チッソの意向を受容する調停派と調停を拒絶する自主交渉派という二つのグループに分裂し、川本ら自主交渉派は孤立した闘いを余儀なくされたのである。

補償要求を拒否された自主交渉派は、一九七一年一二月初め、チッソ東京本社で島田賢一社長（当時）と深夜にまで及ぶ直接交渉を行なうが、社長が体調を崩して退席したこともあり、両者の主張はまったく噛み合わず平行線のままであった。そこで、本社内から実力で排除された川本らは、本社前の路上にテント小屋を設営し、そこを闘争拠点として社長との面会・直接交渉を求めて座り込みを開始した。テント小屋の正面に位置するビルの四階にチッソ本社はあったが、川本らの行動に対抗するため、その出入口は頑丈な鉄格子で遮断され、社長との面会を求めて本社に赴く患者たちの進入を阻止していた。鉄格子の向う側では、チッソ石油化学五井工場から動員された従業員たちがピケを張って防御を固めた。川本らは、一日一回は鉄格子の前まで来て社長との直接交渉を要求したが、チッソはその要求を断固として拒否しつづけた。その際、川本らと従業員たちの間で激しい怒号が飛び交い、両者はしばしば「こぜり合い」を起こした。チッソ五井工場を訪れた川本らが巻き込まれた「こぜり合い」の様子を、『朝日新聞』（一九七二年一月八日付）は次のように伝えている。

チッソ側は正門の鉄さくを閉ざしたままで、川本さんたちは約二時間寒風の中で待った。催促してもチッソ側は明確な返答をしないため、午後二時前、川本さんと支援の人数人が守衛室に入った。午後三時前、作業服姿の同工場従業員二百人以上が守衛室を取り囲み、その一人が「即時退去せよ」と叫んで間もなく、従業員が室内に突入した。そのとき現場にいたのは川本さんと支援の人二、三人に、アメリカ人の写真家夫婦、報道陣数人だけだったが、数十人の従業員は、川本さんを床に引きずり倒したうえ、顔などをけったり、踏みつけ、川本さんの顔から血が吹き出した。支援の人たちも無抵抗だったが、顔やからだにける、なぐるの乱暴を受けた。また乱暴されている妻アイリーンさん（21）のところへ行こうとしたスミスさんは、コンクリートの石の上に引き倒されたうえ、顔をなぐられ、口の中が血だらけになった。アイリーンさんは髪の毛をひきずり回されたうえ、足で突き飛ばされた。……

この新聞報道から判断する限り、川本や写真家のユージン・スミス夫妻らは、明らかにチッソ従業員による傷害行為の被害者である。しかし、川本は、「自主交渉で要求している事柄（補償）が大切で、ケガの問題は本質ではない」と判断して、被害届は出さずにいた。

ところが、一九七二年七月から十月にかけて起こった、東京本社における一連の「こぜり合い」の中で、川本がチッソ従業員三人と取締役一人に対して、それぞれ全治一週間ないし二週間の傷害を負わせたとして、五件の傷害罪により起訴されるという事態が生じた。この「こぜり合い」においても、川本ら患者側に多数の負傷者が出ていたが、こちらは捜査の対象にすらならなかった。(2)

2　倒錯した判決

川本の弁護人は、第一審の第一回公判期日の冒頭手続および本案審理の過程で、①本件が憲法一四条に反する公訴提起であること、②起訴後の事情変更により公訴維持・追行が違法となったことを理由に公訴棄却を求めた。一般に、公訴権濫用が問題となる事例としては、客観的嫌疑のない起訴、違法捜査に基づく起訴、訴追裁量を逸脱した起訴が挙げられるが、弁護人が問題としたのは、「本件起訴は訴追裁量を逸脱した差別的起訴に当たる」ということであった(3)。ところが、東京地裁は、「冒頭手続で公訴棄却の判決はなしえない」としたため、弁護人は、本案審理の過程で、その主張・立証に努めたのであった。すなわち、①憲法一四条に反する公訴提起であることについては、本件公訴提起は、ⓐ自主交渉派をもって解決すべき公害紛争への強権による介入であり、しかも公害加害企業に一方的に加担し、被害民を迫害するものであること、ⓑチッソの水俣病加害や（五井工場での「こぜり合い」でも明らかな）チッソ側の暴行事件など真に非難・訴追すべきものを訴追せず、他方、明白に嫌疑がなく或いは被害軽微で可罰的違法性ないし実質的違法性を欠き訴追してはならない被告人の行為を訴追するものであること、ⓒ水俣病補償問題がやま場を迎えていた時期にあたり自主交渉派の孤立化・切り崩しに至るおそれが強かったこと等の理由を挙げ、訴追裁量権を逸脱した、憲法一四条に定める法の下の平等原則に違反する差別的な訴追であるゆえに、違憲・無効であると主張した。また、②公訴維持・追行が違法となったことについては、ⓐ公害等調整委員会の調停に関して委任状偽造事件が発覚し、第三者機関による解決の不十分性が明らかとなった結果、第三者機関を排し、自主交渉によって問題を解決しようとした川本らの行為の正当性が明らかになったこと、ⓑ一九七三年三月二〇日の熊本地裁判決によりチッソの加害責任が明確にされ、川本らの自主交渉要求の正当性が明らかとなったこと、ⓒこの判決後の交渉において公害等調整委員会の調停案および判決をも侵害する内容の協定案が成立調印され、川本らの自主交渉の正当性が証明されたこと等の理由を挙げ、公訴提起後の事情変更により既に公訴維持・追行は違法なものとなっていると主張したのである。(4)

東京地裁は、一九七五年一月一三日、被告人敗訴の有罪判決を下した。すなわち、「〔被告人は〕チッソ従業員Sに対し、その右上腕部に咬みつき、左足を引っ張り、手拳で腹部を殴打するなどの暴行を加え、……前記会社員Mに対し、その左大腿部に咬みつき、手拳で顔面を殴打し、前記会社員Nに対し、二回にわたりその左上腕部に咬みつく暴行を加え……」云々と川本による暴行・傷害の「事実」を次々に認定し、「被告人を罰金五万円に処す」という有罪判決を下したのである。

すなわち、東京地裁は、弁護人の前記の主張に対して、「本件事案の審理の核心は、被告人の会社側従業員らに対する傷害行為の存否およびその実質的違法性の存否にこそあるのであって、チッソ株式会社の公害に関する刑事責任を問うものではなく、また、もとより民事責任を追求するものでもない」と明言した。「公訴事実の一部につき犯罪の客観的嫌疑を欠く」との主張に対しては、「被害者の証言から犯罪事実の存在を認めることができる」と応じた。「本件公訴事実は被害軽微で可罰的違法性がない」という主張に対しても、「本件のごとき他人の身体を手拳あるいは木片で殴打し、あるいは咬みつく等の暴行は、……可罰的違法性がなく刑法所定の暴行罪ないし傷害罪の構成要件に該当しないとすることは到底許されない」と反論した。

また、川本の行為の実質的違法性についても、「行為者の行為が目的において正当なものであること（目的の正当性）、その手段において相当の程度を超えないものであること（手段の相当性）、行為の結果侵害される法益よりも、その保持せんとした法益が優越するものであること（法益の均衡）、他に採るべき方法がなく真にやむを得ないものであったこと（補充の原則）」を基準として総合的に判断すべきであると述べたうえで、本件について、川本の行為は目的の正当性は認められるものの、手段の相当性・法益の均衡・補充の原則の各要件はいずれも充足していないという判断を示した。

さらに、訴追裁量権の逸脱の主張に対しても、「被告人の本件行為に対する刑事責任の追及と、チッソ株式会社の公害に対する刑事責任の追及とは、本来全く別個の手続によって行なわれるべきものであり、その一方の手続が他方の手続に影響を及ぼすことはありえないのである。したがって、チッソ株式会社に対する刑事訴追が現在行なわれていないからといって、被告人に対する本件公訴の違法無効ならしめるものではない」と述べ、明確に斥けた。五井工場などにおけるチッソ従業員による患者および支援者への暴行傷害との対比論についても、従業員の行為と川本の行為はともに自主交渉の過程において生じているゆえに公平感を害する結果をきたしていることは否めないが、前者については「検察官が公訴を提起するに足る証拠の収集ができなかった結果として公訴を提起しなかったとも推測される」とし、「（検察官に対する上級官庁あるいは監督官庁としての監督権と異なり）検察官が公訴を提起すべきか否かの訴追裁量に対する裁判所の司法審査は、……それが顕著な逸脱を示す場合において、はじめて裁判所の司法審査が及ぶにすぎない」のであるゆえに、本件はこの場合にはあたらないと論じたのである。また、公訴提訴後の事情変更の事実は認められるが、「（その事情変更の事実により）本件公訴を取り消すべきか否かは、全く検察官の裁量権の範囲内にある」というべきである、という判断を示した。(5)

田中成明が指摘するように、弁護人は一貫して、「本件傷害行為を水俣病の発生とその補償交渉の全過程という背景的事実のなかに正当に位置づけたうえで、公訴権濫用の存否、さらに傷害行為の実質的違法性の存否に対する法的判断」を下すよう主張したのであった。しかし、その主張に対し、前記のように裁判所の判断が及ぶ範囲を著しく限定して理解する東京地裁判決は、「本件事案の審理の核心は、被告人の会社側従業員らに対する傷害行為の存否およびその実質的違法性の存否にこそある。……チッソ株式会社の公害の態様およびその補償についての会社の誠実性は、被告人の右傷害行為の実質的違法性の存否の決定に必要な限度において当裁判所の判断の対象になるにすぎない」として、「被告人の傷害行為およびそれについての公訴提起を、水俣病公害の発生とその補償交渉ならびにそれに対する検察の関わり方など背景的事実から切り離して審理対象とする態度」をとったのである。(6)

藤木英雄は、「水俣病患者を見ると、これが犯罪でないならば、ほかに犯罪がありうるものかという感想をなんびとでも抱くであろう」と記したが、(7)藤木の推測に反して、水俣病の発生という背景的事実に目をつむる東京地裁裁判官は、そのような感想を抱くことはなかったのである。その裁判官によって、「被告人を罰金五万円に処す」という有罪判決が下されると、〈法廷〉内は「うぉー」という呻きとともに騒然となった。裁判長は繰り返し、「退廷・退廷」と宣言したが、騒ぎは一向に収まらなかった。そこで裁判長は、警備員や警察官に命じて、全員を強引に退廷させようとしたが、突然、傍聴席の最前列にいた女性患者の一人がけいれんを起こし、卒倒してしまった。付近にいた人々が彼女の介護を始めたので排除は中止され、救急車が呼ばれる事態となった。女性患者がけいれんを起こし、卒倒したのも、彼女が、本来の被害者を加害者に・本来の加害者を被害者に確定してしまう「奇妙な法の世界の倒錯」が〈法廷〉内で生じてしまったことに激しい怒りと深い絶望を感じたからに他ならない。この倒錯した第一審判決に憤慨した患者や遺族たちは、歴代のチッソ幹部を殺人罪で告訴し、いわゆる水俣病刑事事件訴訟が開始されることになる。もちろん、敗訴した被告人側は、このような倒錯判決に承服することはできず、それ以後、東京地裁判決が生み出した倒錯の不条理さを、控訴審における法廷弁論で強く訴えかけることになる。(8)

倒錯した東京地裁判決の狭く限定された視座に関して、田中は、そもそも法律論が展開されるべき「法」の世界には自立性があり、「裁判による法的裁定は、法的メカニズムに独特の自立的な存在構造・運用方法の枠内」で行なわれるものであると指摘している。例えば、その規準面には既存の法的規準への準拠という制約があり、これは裁判の公正・形式的合理性・予測可能性などを確保・保障する。さらに、このような法的規準は、「各々の法的規制の目標に照らして人間の行動様式や行為状況を多かれ少なかれ類型化・画一化して規律するという形式をとる」ため、その運用面においても「個々の人間や社会関係の具体的・個別的な特性・事情をすべて考慮に入れることは困難」となり、重大な制約が課されることになる。(9)

東京地裁判決では、被告人の公害被害者という個別的な具体的特性はまったく考慮されておらず、そのような具体的特性を捨象する近代市民法的人間像の枠内で有罪という判断のみが示されている。ここでは、傷害行為を行なった（とされる）被告人に、Ch・ペレルマンの言う「等しき者は等しく扱え」という形式的正義の定式が、その傷害行為が起こった背景的事実を何ら考慮することなく、「傷害行為者という観点から見て等しい者はすべて等しく処罰せよ」というように形式的に適用されている。(10) 田中によれば、この形式的正義は、「実定法の内容の実現における一定の規則性・類型性を要求することによって、公権力行使における恣意専断を抑制し、社会生活の円滑な運用にとって不可欠な予測可能性を確保する」ものである。しかし、公害被害者として苦しみ続けてきたという背景的事実と自主交渉をせざるをえない状況に追いつめられたという個別的事情を有する被告人を、起訴した途端に近代市民法的人間像の枠内にムリヤリ嵌め込もうとする法的思考態度こそが、本来の被害者を加害者に・本来の加害者を被害者に確定してしまう倒錯を〈法廷〉内で生じさせてしまったことも疑問の余地はない。(11)

3　裁判の政策形成機能

ここで注目すべきは、裁判には紛争解決機能と政策形成機能があることである。田中成明は言う。

〔裁判闘争においては〕フォーマルな法理論レベルでの判決による司法的保護・救済の直接的獲得の成否を問わず、訴訟の提起から始まって法廷における当事者間の攻防を経て裁判所の何らかの公権的裁定へと至る、一連の裁判過程の展開そのものが様々な形で政策形成過程全般に及ぼすインフォーマルな間接的インパクトに対する期待が相当のウェイトを占めていることが看過されてはならない。……裁判所の何らかの公権的裁定が下されると、たとえ敗訴の場合でも、既存の法的規準やそれに基づく裁判所の裁定が、例えば社会の正義・衡平感覚とかけ離れた時代遅れのものであることなどを非難することによって、立法的・行政的措置による解決・救済を求める世論・運動を――勝訴の場合には及ばないとしても――それなりに盛りあがらせることができる。(12)

たしかに東京地裁判決は、「チッソの公害に関する刑事責任を問うものではない」と明言し、「傷害事件における被告人の刑事責任の追及と、公害事件についてのチッソの刑事責任の追及は別の手続によって行なわれるべきものである」と判示することにより、川本の傷害行為を審理する本件訴訟は、チッソによる水俣病の発生という公害事件についての紛争解決機能を果たす「場」とは全く関わりがないことを強調した。しかし、この判決は、「社会の正義・衡平感覚とかけ離れている」倒錯したものであることを強く印象づけることにより、インフォーマルなインパクトの次元で水俣病患者たちに「歴代のチッソ幹部を殺人罪で告訴する」ことを決意させ、検察をしてチッソ幹部を被告とする水俣病刑事事件訴訟を開始させるという重大な政策形成機能を現実に果たしたのである。

このような政策形成機能は、言語行為論に言う発語媒介効果あるいは民事訴訟法学に言う間接波及効によるものと考えることができる。オックスフォード日常言語学派の哲学者J・L・オースティンが『言葉を用いていかにしてことを為すか』で提起した言語行為論が、法行為や法制度の性格や特徴の解明にとって有効な分析枠組を提供したことは、H・L・A・ハートの主著『法の概念』に与えたオースティン理論の影響の大きさを一瞥しただけで明らかである。[13] オースティンの言語行為論が、約束・命令・宣言等を示す文の第一義的な機能が、心の内面の「記述」ないし目に見える情景の「陳述」ではなく、むしろ或る種の「行為遂行」であることを明らかにしたことの意義は、法の領域においても高く評価される。オースティンによれば、これらの文によって遂行される言語行為は、「発語行為（locutionary act）＝LA」、「発語内行為（illocutionary act）＝IA」、「発語媒介行為（perlocutionary act）＝PA」の三種に区分されるが、ここで重要な意味をもつのは、これら三種の行為の相互関係である。

オースティンによれば、文法に適った文章を構成し発語行為を遂行することは、同時に、そしてそれ自体において（eo ipso）、一つの別な行為、すなわち発語内行為を遂行することになる。また、発語行為を遂行することは、いま一つ別の、それとは間接的にのみ関連するか或いは何ら関連をもたないような行為、すなわち発語媒介行為を遂行することになる。具体例で言えば、（登校拒否をしていた）私が、（教師である）彼に、「あす必ず学校へ行くよ」と言うことにおいて（＝in saying）、「約束する」という発語内行為が遂行されている。また、「あす必ず学校へ行くよ」と言うことによって（＝by saying）、彼を「驚かせる」等の発語媒介行為が遂行される。それゆえ、言語行為は、「話し手（Speaker＝S）」「話される内容（Message＝M）」「聞き手（Audience＝A）」という三構成要素をもつ「三項関係」（Ch・S・パース）の典型となる。ここで発語内行為と発語媒介行為の相違を確認するために、話し手である私（S）の「あす必ず学校へ行くよ（M）」という発語行為の遂行に関して、聞き手である教師（A）が、「私が学校へ行くことを心から願っている」場合（A_1）と、「（問題児である）私が学校へ行くことなく、このまま退学することを密かに願っている」場合（A_2）を分けて考えてみることにしよう。

●発語行為……〈ＬＡ〉

私（Ｓ）は、教師（A_1）に、「あす必ず学校へ行くよ（Ｍ）」と言った。

私（Ｓ）は、教師（A_2）に、「あす必ず学校へ行くよ（Ｍ）」と言った。

●発語内行為……〈ＩＡ〉 In saying M.

私（Ｓ）は、教師（A_1）に、（学校へ行くことを）約束した。

私（Ｓ）は、教師（A_2）に、（学校へ行くことを）約束した。

●発語媒介行為……〈ＰＡ〉 By saying M.

私（Ｓ）は、教師（A_1）を、喜ばせた。

私（Ｓ）は、教師（A_2）を、落胆させた。

このように、同一の発語行為の遂行に関して、聞き手がいかなる存在であっても（それがA_1であれA_2であれ）「約束する」という発語内行為は遂行されるが、聞き手がどのような存在であるかによって（それがA_1であるかA_2であるかによって）「喜ばせる」或いは「落胆させる」という異なる発語媒体行為が遂行されることになる。オースティンによれば、このような発語内行為と発語媒介行為の相違は、前者が「適切」なものであるための必要条件が「慣習的＝コンベンショナル」な制約であるのに対し、（教師が私に好意を抱いているか否かというような）偶然的脈絡に依存する後者は、そうではない点に求められる。もちろん、聞き手（A_1）と聞き手（A_2）が同時に存在するか否かも、偶然的脈絡に依存することになる。

オースティンの言語行為論は、原則として「一人の話し手（S）が、一人の聞き手（A）に対して、ある事柄（M）を言う」という単線的言語行為を基軸に構築されているから、話し手に好意的な聞き手（A_1）と好意的でない聞き手（A_2）が同時に存在する事例は、例外的なものとなる。しかし、法的言語行為は、話し手である裁判官（S）による発語行為の遂行によって、「（勝訴して）喜ぶ」聞き手（A_1）と「（敗訴して）落胆する」聞き手（A_2）という複数の聞き手が必ず同時に存在することになるから、それは複線的言語行為の典型となる。[14] しかも、法的言語行為は、話し手である裁判官（S）がいかなる発語行為を遂行するかを見きわめた後に、「告訴する」というような特定の法的アクションをとろうかどうか思案している聞き手（A_5）もまた存在する場合があるのである。この点を確認した上で、チッソ水俣病川本事件訴訟東京地裁判決を、法的言語行為論の観点から分析しておこう。

▼チッソ水俣病川本事件訴訟東京地裁判決（一九七五年一月一三日、判時七六七号、一四頁）

- 法的発語行為……〈LLA〉

東京地裁裁判官（S）は、検察官（A_1）に、「被告人を罰金五万円に処する（M）」と言った。

東京地裁裁判官（S）は、被告人（A_2）に、「被告人を罰金五万円に処する（M）」と言った。

- 法的発語内行為……〈LIA〉 In saying M,

東京地裁裁判官（S）は、検察官（A_1）に、（勝訴）判決を下した。

東京地裁裁判官（S）は、被告人（A_2）に、（敗訴）判決を下した。

- 法的発語媒介行為……〈LPA〉 By saying M,

東京地裁裁判官（S）は、検察官（A_1）を、喜ばせた。

東京地裁裁判官（S）は、被告人（A2）を、落胆させた。

東京地裁裁判官（S）は、（傷害事件の被害者である）チッソ従業員（A3）を、満足させた。

東京地裁裁判官（S）は、（傍聴席の最前列にいた）女性水俣病患者（A4）を、（絶望のあまり）卒倒させた。

東京地裁裁判官（S）は、川本のみが起訴されたことに不満を抱いていた水俣病患者（A5）を、（歴代のチッソ幹部を殺人罪で告訴しようと）決意させた。


裁判の政策形成機能とは、このような様々の法的発語媒介効果の総和と考えることができよう。

4　労働法原理と公害法原理

鈴木茂嗣は、東京地裁の倒錯判決への対決姿勢を強めた被告人側の弁護人が、控訴審の〈法廷〉で展開した議論を、おおむね次のようにまとめている。すなわち、弁護人は、公害法原理の特徴に関して、その労働法原理との共通性を説き、つねに集団的紛争解決手段が認められなければならないと主張した。公害は生産過程に必然的に発生する構造的加害であるから、企業活動が国家権力の営為と無縁ではありえなくなっている現代の高度資本主義国家においては、公害現象に関して権力は二次的原因者ないし共犯者として出現する。したがって、そこでは、「弱者保護＝被害者救済・強者抑制＝加害者制裁」法理が必要であり、労働法原理に類似する公害法原理が指導理念とならなければならない。しかし、公害法原理は生成過程にあるから、それが法技術レベルでどのように展開されるかはなお不明な点が多く、その生成において水俣病事件は先駆的位置を占めると考えねばならない。

かくして、弁護人は、労働法原理と類似した公害法原理によって保護されなければならないのは、具体的なるものとしての公害被害者＝弱者であり、公害法原理によって断罪されなければならないのは、公害の二次的原因者ないし共犯者と見なすことのできる行政権力、とりわけ本件公訴を提起した検察官自身である、と主張する。「被告人の行為は正当なものである。被告人が処罰に値しないという意味においてではなく、むしろ処罰を求めてはならない。なぜなら、彼は水俣病の被害発生と拡大に加担した行政権力によって起訴されたからであり、加害者加担と被害者弾圧を貫いてきた検察権力によって起訴されたからである」。したがって、本件起訴は違法行為者そのものによって起訴されたものであるから、「加害者の一員たる検察が、被害民である川本を訴追することは断じて違法」なのである。

このように「奇妙な法の世界の倒錯」を追求する弁護人は、続いて、以下の三つの理由から本件公訴提起が違法であると主張した。その第一は、国・県が公害防止の措置を講じなかった――水俣病とチッソ水俣工場排水との因果関係を認識しながら、チッソ工場の排水規制・漁獲規制・販売禁止等を怠った――ことである。第二は、チッソ側の犯罪、すなわちチッソ水俣工場の公害殺人およびチッソ従業員による積極的・組織的集団暴行事件を不起訴としたことである。第三は、水俣病被害民と支援者の防衛的・消極的な行為に対して、必罰・厳罰主義に立って弾圧的訴追をしたことである。(15)

この弁護人の主張には、企業（資本家）＝強者↔労働者＝弱者という力の非対称の構図を前提とする労働法原理と公害加害企業＝強者↔公害被害者＝弱者という力の非対称の構図を前提とする公害法原理の共通性が強調されていることが象徴するように、抽象的なるものという近代市民法的人間像から具体的なるものという現代社会法的人間像への転換の要請が提示されている。実際、このような法廷弁論を承けて、控訴審判決は、審理対象に著しい限定を画した第一審判決とは対照的に、被告人の置かれていた当時の具体的状況と背景的事実を判決に汲み上げるように要請した弁護人の主張をほぼ全面的に認めた。一九七七年六月一四日に下された東京高裁判決にいわく、

公害は、一方的に被害を与えるものであり、しかも、土地を離れない限り逃れるすべがないばかりか、しらずしらずのうちに身体がおかされ、原因が明らかにされた時にはすでに手遅れのことが多い。被害は多数の住民に及び地域全体に深刻な影響を与えるとともに家族全員が犠牲になることも少なくない。水俣病はこの典型であり、被告人自身が患者である本件においては右の特殊性が十分に考慮される必要があろう。

判決はこのように公害病の特徴を指摘した上で、「水俣病の被害という比較を絶する背景的事実があり、自主交渉という長い時間と空間の最中に発生した片々たる一こまの傷害行為を、被告人が自主交渉に至らざるをえなかった経緯と切り離して取り出し、それに法的判断を加えるのは、ことの本質を見誤る恐れがあって相当ではない」と断じ、裁判所の判断が及ぶ対象を検察官の裁量権限行使などにまで拡大して、被告人に対する訴追を「訴追裁量の濫用にあたる事案」であると結論づけた。判決はまた、東京本社や五井工場における自主交渉の際に、患者側にも多数の負傷者が出ているにもかかわらず、チッソ従業員はすべて不起訴になっている事実にも注意を喚起し、「これを是認することは法的正義に著しく反するというべきである」と述べている。かくして、東京高裁は、東京地裁の倒錯判決を破棄し、公訴棄却を言い渡したのである。

5　裁判の表層と深層

かくして、現代社会法的人間像に定位する控訴審判決では、公害加害企業（チッソ）に対する弱者である被告人の公害被害者＝水俣病患者という具体的特性までもが審理対象として汲み上げられたことが確認された。もちろん、法的メカニズムには、その規準面や運用面において幾つかの重大な制約が課されており、個人のあらゆる具体的特性を全面的に考慮に入れることは不可能であるが、「法の世界の自立性は決して自己完結的で固定的なもの」ではなく、「フォーマルな実定法秩序は、法原理や法価値を媒介として、社会における人々の意識・行動を現実に規律しているインフォーマルな社会諸規範・慣行やそこで共有されている正義・衡平感覚に対して、言わば開かれた構造をもっている」のである。それゆえ、〈法廷〉において個人の具体的特性を汲み上げるかなり大きな余地が存在しており、公害訴訟の本領は、このような「裁判官および当事者双方による当事者対立主義的訴訟手続に従った法創造的共同作業」により、両者の主張を実質的正義に適った一つの公権的裁定へと収斂させていくことにあると考えることができる。

もちろん、予測可能性や法的安定性を重視するゆえに基本的に形式的合理性を志向する法的正義（＝実定法内在的正義）は、原則として実定法超越的正義として現象する可能性を孕む実質的正義と緊張関係に立つが、法的規準の開かれた構造は決して実質的正義に対して完全に閉ざされているわけではなく、むしろ「実質的正義の要請は、一定の場合には一般条項・憲法条項などの法原理・法価値を媒介として、法的正義が公平の要請にしたがって一定の実質的正義の主張内容を個別的に取り入れるという形で、法実現過程に内在化されるチャネルが開かれている」

図２　チッソ水俣病川本事件訴訟

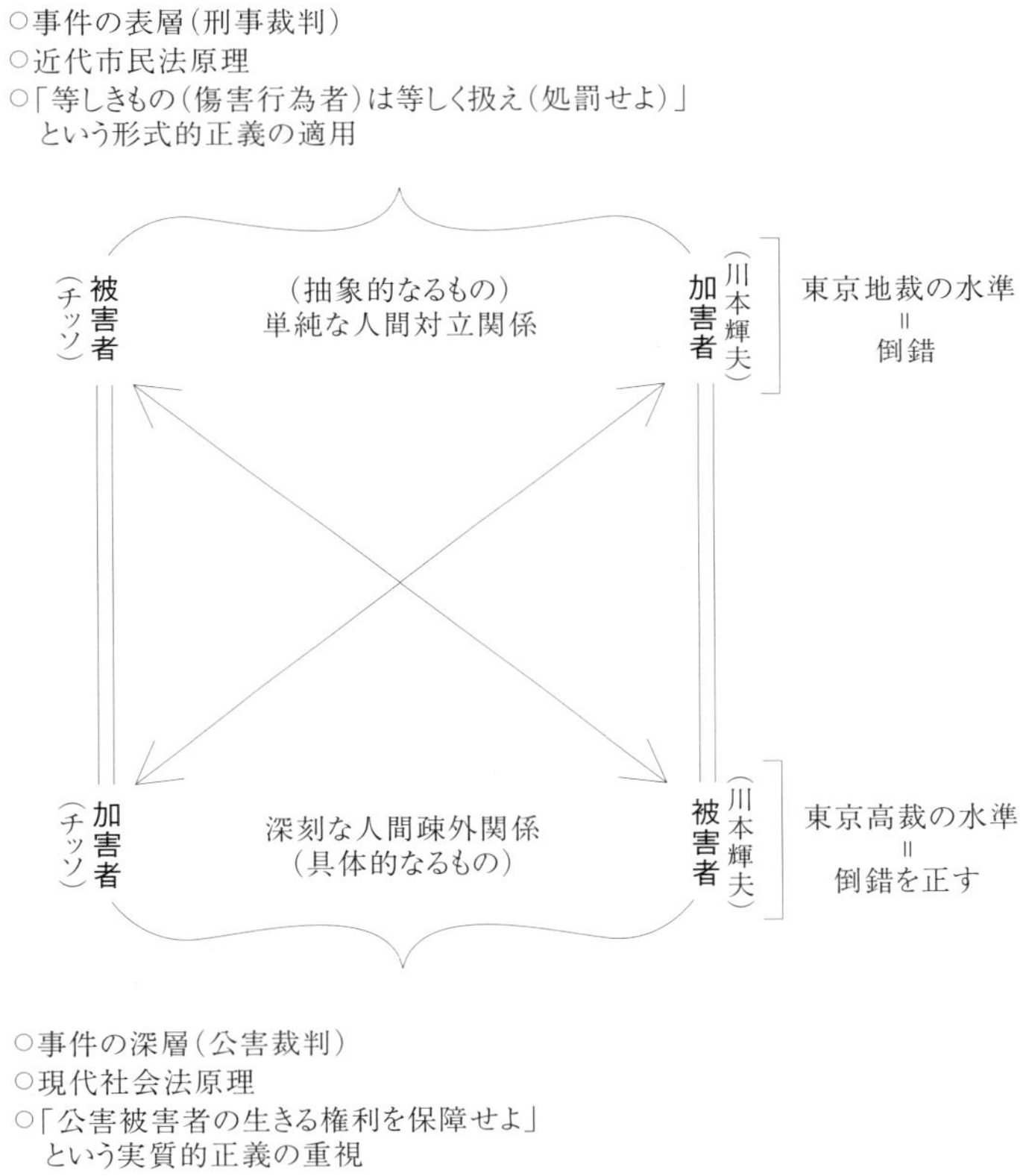

と考えるべきなのである。(16)

それでは、法的安定性・予測可能性・形式的正義を志向する近代市民法的人間像とは対照的な、個別的妥当性・具体的正当性・実質的正義と結びつく現代社会法的人間像は、〈法廷〉において万能視されるべき観念なのだろうか。チッソ水俣病川本事件訴訟に関して言えば、その表層に現れる刑事事件の加害者＝傷害行為者↔傷害被害者という単純な人間対立関係の抽象性のみを視野に収めた第一審判決が、その深層に潜む公害事件の被害者＝水俣病患者⟷公害加害企業従業員という深刻な人間疎外関係の具体性を汲み上げた控訴審判決に変化したという事実は、あたかも後者が定位する現代社会法的人間像が〈法廷〉におけるオールマイティな切り札であるかのような印象を与えるかもしれない。実際、表層の刑事事件と深層の公害事件という二つの水準において、加害者⟷被害者という人間関係は交叉論理法によってパラレルに現象しており、表層の人間対立関係において適用された「等しきもの（傷害行為者）は等しく扱え（処罰せよ）」という形式的正義の定式は、深層の人間疎外関係において重視された「公害被害者の生きる権利を保障せよ」という実質的正義の要請へと転換されたのである。具体的なるものという現代社会法的人間像に定位した実質的正義が、抽象的なるものという近代市民法的人間像を前提とする形式的正義の形式的適用に起因する法的倒錯現象を正したと考えられるのである。

チッソ水俣病川本事件訴訟第一審判決と控訴審判決――水俣病患者である被告人のような不利な立場の少数者が発する声に応答できたか否かという観点から見てそれらとパラレルなのは、立法の不作為について著しく高いハードルを設定した在宅投票制度廃止違憲訴訟最高裁判決と、その高いハードルを想像力＝構想力を行使して見事にクリアしたらい予防法人権侵害謝罪等請求訴訟熊本地裁判決である。水俣病患者やハンセン病回復者のような不利な立場の少数者の声への応答責任を果たすために、川本事件訴訟控訴審判決や熊本地裁判決では、想像力＝構想力を働かせた裁判官が、複雑な背景的事実をもつ被告人や原告たちの具体的特性を汲み上げることにより、設定された高いハードルをクリアすることに成功した点が評価されているが、そのことは同時に、少数者の声に応答しうる判決を下すために、規準面や運用面においてリーガリスティックな制約を課されているはずの司法が、立法に接近してその法創造的機能を最大限に発揮したことを意味している。

この法創造的機能が両刃の剣と言うべき（正と負の）二面性をもつことを、Ph・ノネとPh・セルズニックの図式に従って、確認しておこう。すなわち、ノネとセルズニックは、（抑圧的権力の召使いとしての法である）抑圧的法、（抑圧を馴致し自己自身のインテグリティを護りうる分化した制度の法である）自律的法、（社会的必要や願望への応答を容易にするものとしての法である）応答法的という「法の三つの在り方」を理念型として再構築して提示したのである。それぞれの「法」の「目的」と「正当性」について言えば、抑圧的法は「秩序」と「社会防衛と国家理性」であり、自律的法は「正当化」と「手続的公正」であり、応答的法は「能力」と「実質的正義」であるが、まさに応答的法の（応答）能力とは「（実質的正義を実現するための）リフレクション能力」と考えることができるのである。また、それぞれの「法」の「道徳および政治との関係」そして「法的推論の性質」について言えば、抑圧的法は「束縛の道徳と結合して、権力政治への法の従属」を導き、権力による抑圧を可能にするために「法的推論は便宜主義的で特殊主義的なもの」となり、自律的法は「制度的道徳つまり法過程のインテグリティ維持のための手続的道徳を重視して、政治からの法の独立」を保障し、政治から截然と区別された法的権威に厳密に従うために「法的推論は形式主義とリーガリズムに陥りがち」となり、応答的法は「共同の道徳を要請して、法的願望と政治的願望の統合」を可能にし、その統合により実質的正義を実現するために「法的推論は目的論的となって認知能力の拡大がもたらされる」ことになる。応答的法は、過去志向の純粋な法的議論を超える未来志向の政治的議論を要請し、実質的正義に合致した公共的諸目的の実現を目指すゆえに、法道具主義が前面に押し出てくるが、リーガリスティックな自律的法では法道具主義が著しく後退していることを考えると、それは抑圧的権力が既存の社会秩序を防衛するために法を道具として便宜的に用いる抑圧的法への回帰という一面をもつことになる。実際、法道具主義を可能とする「裁量」について言えば、自律的法では「狭く画定されている」のに対し、抑圧的法では「偏在的に存在」しており、応答的法でも「（目的に対して答責を負うと言う条件の下で）拡大される」ことになる。(17)

抽象的なるものとしての近代市民法的人間像を前提にしつつ形式主義とリーガリズムに陥ったチッソ水俣病川本事件東京地裁判決は、法のインテグリティを護ることを自己目的としたために倒錯してしまった自律的法と見なすことができる。他方、具体的なるものとしての現代社会法的人間像を志向しつつ不利な立場の少数者の声への責任を果たそうとする応答的法は、裁判官の裁量が厳しく制限されているリーガリスティックな自律的法から大きく離反し、公権力の一方的行使のための道具として裁判官の裁量を利用する抑圧的法に限りなく接近する危険性をもつと考えなければならない。幸い、川本事件訴訟控訴審判決において複雑な背景的事実をもつ被告人の具体的特性を汲み上げるために裁判官が働かせた想像力＝構想力の方向は正しかったから、応答的法の抑圧的法への変質は回避されたが、仮にその方向が誤ったものであった場合、「不利な立場の少数者の声に応答しうる実質的正義を判決でかたる」ことが「不利な立場の少数者の声に応答しうる実質的正義であるかのごときものを判決で騙る（ことによって裁判官が独裁的権力を行使する）」ことへと移行することもありうるのである。

6　水俣病患者をめぐる差別

川本輝夫は、検察官の訴追裁量を逸脱した差別的起訴により刑事被告人とされたが、水俣病患者はすべて「市民」による深刻な差別に直面していた。

水俣に会社があるから人口わずか三万たらずの水俣に特急がとまり、観光客だって来るのではないですか。会社行きさんが会社から高い給料をもらい、水俣で使ってくれるから水俣の中で金が流れるのではないですか。銀行だって、生命保険会社だって、土建業だって、私達駅前の食堂だって、曲がりなりにも成り立っているのではないですか。もし水俣から会社が去ったら、どんな事業だって縮小せざるをえないでしょう。そこで働いて生計をたてている我々市民はどうなるというのですか。……

堀口牧子によれば、これは「市民の座談会の声を良く聞け！　この声が今迄何もいわなかった市民の腹の底からの叫びなのだ」と訴えて、「市民」自身によってまかれた文書に記された一文である。そして、その肝腎の座談会の内容は、次のようなものである。

C氏　……あの患者達は自分たちのことばっかり言って、いっちょん反省はせんとだもんね。同情する必要は全くないよ。……

D氏　神経痛か、小児マヒか、アル中か、ようわからんとに、金をやるようにとか、仕事を与えるようにしなければならないとかなんとか、……この間、川本の馬鹿には手紙を出しとったから署名はせんが、御苦労さんと言われた。

E氏　あいつは弱った魚を喰べたから奇病になったのはこれは事実じゃ。そん証拠には俺達はいくらんでん食べたし、魚屋で買って食うた市民は誰もならんかったもんな。……。

司会　ところで最近、ハデな動きをしている新認定患者についてはどんな感じですか。

C氏　非常に冷たいですね。川本なんか去年まで医師会運動会では、いつも一等だったのに、今年は、水俣病に認定された関係か出なかったですね。本当に病気なのかどうかわからんね、といっていました。

B氏　……この間の一斉検診の時には、畳のヘリを、まっすぐに歩かない練習をしたり、針でさされても痛いと言わない練習をしたやつが居るとふんがいしていた。……(18)

チッソは、川本ら新認定患者を「行政上の水俣病」にすぎないとする見解を利用して、新・旧認定患者を同一に扱うことを拒否したが、その背後には川本らの詐病を強く示唆する「市民」たちの声が存在した。もちろん、「市民」

には「光」の部分も「闇」の部分も存在するが、ここに見られるように水俣病患者への悪意に満ちた「市民」を「差別市民」と呼ぶことにしたい。「差別市民」は、後に豊前環境権裁判で確認する「科学市民」の対極に位置する（ここで言う「市民」は、例えば京都市内に居住し、京都市に市民税を払っている京都市民のような行政的な意味ではなく、象徴的な意味における存在であるので、カギカッコを付して「市民」と表現することにしたい）。

それでは、このような「差別市民」は、なぜ出現したのであろうか。それは、水俣において、水俣病発生以前から複雑な対立や差別の重層構造が自生的に形成されていたという事実に求められよう。すなわち、水俣では、「陣内や浜町の者は丸島の百姓を〈あの丸島者が！〉と見くだし、その丸島の百姓は小松原の漁師を〈すだれ育ちが！〉と侮辱し、その小松原の漁師が舟津の住民を不浄な異人種でも眺めるかのように、〈唐舟人〉とか〈悪奴者〉とか差別する」秩序が共同体の中に生まれていた。[19]

また、チッソという近代的企業の内部においても、資本制による階級差別とは別に、共同体的な身分差別が分かち難くそれに纏りついていた。つまり、宗主国からやって来たような「チッソ社員さん」と、植民地住民のような「職工」の間には、身分制がタテに貫徹することにより支配―服従関係が成立していた。職工内部にも、係長などの幹部職工・職工・「ボーイ」（社員さんの小間使い）・臨時工などのタテの系列が存在し、賃金・作業内容・休日などすべての労働条件に関して区別と差別が行なわれていた。その職工もまた、かつての「勧進」から「会社行き」へと出世したものであった。かくして、チッソ株式会社・「会社行き」・「地つき」・「流れ」の間には、厳然とした差別が存在したのである。[20] この地域共同体における身分差別と資本主義経済における階級差別が絡み合った自生的差別秩序の頂点に「チッソ株式会社」が位置し、最底辺に「水俣病患者」が存在したが、「差別市民」は水俣に経済的利益をもたらしてくれるチッソを拝する一方、チッソの責任を追及しようとしていた水俣病患者を排しようとしたのである。「差別市民」の行動を規律していたインフォーマルな社会規範は、上への「拝」と下への「排」で貫かれていた。

東京高裁の勝訴判決で無罪を勝ち取った川本輝夫は、「……私の『公訴棄却判決』後、いろいろハガキ、手紙が私宛にきております。その中で『相手が悪ければ何をしても勝手という考えは、えったや非人の持っている考えだ』という文面〔のもの〕も来ました」と語っている。[21]水俣は、いわばチッソを城主＝殿様とする企業城下町である。それゆえ、「排」すべき水俣病患者の川本がチッソを相手に〈法廷〉で堂々と闘うことは、「差別市民」にとって、「拝」すべき城主＝殿様に弓を引く身の程を弁えない不埒な行為と見なされることになる。

川本事件の複雑な背景的事実を直視することなく、その深層に潜む公害事件の被害者＝水俣病患者⟷公害加害企業の従業員という深刻な人間疎外関係を捨象して、表層の刑事事件の加害者＝傷害行為者⟷傷害被害者という単純な人間対立関係のみを視野に収めた東京地裁裁判官が、いわゆる倒錯判決を下してしまったのは当然であった。その裁判官も、結果として「差別市民」と同様の行動をとったことになるのである。

7　リベラリズムと民主主義

もちろん、「差別市民」がすべての「市民」の声を代弁しているわけではない。しかし、らい予防法がごく最近まで廃止されなかったことを考えると、ハンセン病に関する誤った知識に基づいて（元）患者の強制隔離を多数者である「市民」が支持しつづけてしまったことが、らい予防法という悪法の存在を許す原因となったことも否定できない。すなわち、「市民」は、たとえ悪意ある「差別市民」でなくとも、不利な立場の少数者についての判断を誤る可能性がある。環境問題で言えば、例えば不利な立場の少数者の移住する地域に、多数者である「市民」の明示的な同意あるいは黙示的な了解を得て、重大な公害を発生させる危険のある核施設・発電所・空港・廃棄物処理場・工場などが建設されてしまう場合があるのだ(22)。ここで、在日韓国・朝鮮人が暮らす国内最大規模の「不法占拠」地域であった伊丹市の中村地区が、長期間大阪空港に離着陸する航空機の騒音公害を直接に受ける劣悪な環境に置かれ続けたことを想起する必要がある。中村地区の始まりは、戦前の空港建設時に、朝鮮半島からの強制連行などによって建設工事に従事させられた人々のための飯場(宿舎)が設けられたことによる。一九七〇年代に、上水道・電気・ガスなどの一応のインフラ整備は行なわれたが、国が直轄管理すべき国有地である中村地区で「不法占拠」することを余儀なくされた人々は、多数者である「市民」が無関心であったこともあり、航空機のすさまじい爆音の直下で生活を続けたのである。騒音防止法の適用により中村地区の問題の解決が図られたのは、ようやく二〇〇二年になってからである(23)。不利な立場の少数者の苦しみに無関心な「市民」によって放置された中村地区をめぐる「環境的公正」の問題は、「市民」の意思決定プロセスへの参加を正当化根拠とする民主主義(デモクラシー)に重大な限界が画されていることを示唆している。

不利な立場の少数者と(誤る可能性のある)「市民」の共生を重視する井上達夫は、「民主主義」と「リベラリズム」の相違を強調する(24)。井上によれば、異質で多様な自律的人格の共生を基本理念とするリベラリズムは、「個人の自由を尊重するが、自由な個人の関係の対等化と自由の社会的条件の公平な保障を要請する平等の理念を重視し、自由と平等とを、共生理念によって統合する」ものである。それゆえ、リベラリズムは民主主義と政治権力の捉え方を、根本的に異にする。つまり、民主主義は「政治的決定への民意の反映ないし人民の参加を、政治的決定の正当化根拠」とするが、リベラリズムは「民主的決定手続き自体の存在理由を、異質な自律的人格の共生に求めると同時に、民主的な政治過程がかかる共生を破壊する帰結をもつ可能性を直視し、多数者が獲得する民主的権力の専制化に対する制度的抑制の確保にも、重大な関心をもつ」のである。

井上によれば、対立諸利益を調整するルールづくりのためには、「集合的決定、すなわち、反対者をも含めて、当該社会の全成員を拘束する決定が必要」となるが、「多様なものの自由かつ対等な共生という、この社会の理念に最も適合的な集団的決定方式」は、やはり民主主義である。しかし、「民主的な意思決定過程が、この基本理念に反する結果や機能をもたらしうる以上、民主的意思決定を正当化するこの基本理念に依拠して、民主的意思決定そのものの射程を限界づける政治哲学」であるリベラリズムが、「この社会の根本的な政治原理とさえなければならない」のである。すなわち、民主主義は「誰が統治するのか」という「集合的決定を行なう統治権力の主体の問題」に関わり、「人民自身が」と答えるのに対して、リベラリズムは「誰が統治するにせよ、統治権力は、そもそも何をなしうるか」という「集合的決定の主題の問題」に、つまり「何については集合的決定をなしえないのか、という限界問題」に関わり、「自律的人格としての諸個人の、自由対等な共生の確保に必要なことを、そしてそれだけを」と答えるのである。「治者と被治者の同一性の原理」という虚構と「多数者による少数者支配」という実相のズレに苦悩する民主主義が、このズレを最小化あるいは隠蔽するために集団内部の同質性を強化しようとすることを直視する井上は、リベラリズムが「すべての個人が等しく自律的人格たりうるために享受すべき基本的権利が、民主的決定に先行し、内容的・主題的にそれを方向づけ、限定することを主張する」ことの重要性を指摘する。

かくして、井上は、「国民主権原理としての民主主義が、戦後憲法の根本理念である」とする憲法前提を修正し、基本的人権の尊重を規定する憲法の人権条項が、「すべての個人に対等な自律的人格としての尊厳と自由を実質的に保障するという、リベラルな理念に立脚している」ことを強調して、リベラリズムが要請する個人の基本的権利の尊重のために「国民の主権の発動たる民主的立法を制約することは可能である」と結論づける。井上によれば、日本国憲法が「民主的立法が個人や少数者の基本的人権を侵害する可能性を承認し、それを制度的に抑制する手段」である司法審査制を採用しているという事実は、「憲法が、国民の主権を、一切の法を超越する権力とはみなさず、民主的な集合的決定の論理を、人権保障の観点から主題的に制限していること、すなわち、リベラルな立場に立脚していること」を示している。

もちろん、井上のリベラリズム論が、思想・良心の自由、信教の自由、表現の自由などの精神的自由権を念頭において立論されていることは疑問の余地がない。また、井上の前提とする自律する人間像が、自由な近代市民法的人間像と親縁性をもつことも否定できない。しかし、井上が「自由と平等とを、共生理念によって統合する」必要を強調する以上、不利な立場の少数者に保障されるべき平等が「市民」たちによって拒絶されている場合、彼（女）らは裁判官によって救済《される》べき存在となる。この時、共生の実現のためには、生存権・環境権のような経済・社会的人権の観点から、不利な立場の少数者を、彼（女）らをめぐる背景的事実を〈法廷〉に汲み上げられるべき現代社会法的人間像と理解することが不可避となる。井上自身の意図に反するかもしれないが、その共生理念は、自律できない胎児性水俣病患者のような公害被害者にも適用できるものでなければならない。

田中成明は、〈法廷〉に「市民」たちの意識・行動を規律するインフォーマルな社会規範や慣行やそこで共有されている感覚を反映させることの重要性を指摘したが、ここで問題となるのは、その「市民」が不利な立場の少数者に悪意をもつ「市民」である可能性が存在することである。すなわち、水俣病の新認定患者である川本輝夫が詐病であるかのような文書を配布した「差別市民」、ハンセン病への（誤った）恐怖からい予防法の存続を求めた「偏見市民」、そして劣悪な環境下で「不法占拠」しなければならなかった伊丹市の中村地区の住民の苦しみを見ようとしなかった「無関心市民」――彼（女）らは現実に存在した「市民」たちである。

「川本輝夫を起訴すること」ないし「川本輝夫を差別すること」は、たとえそれがリーガリスティックな厳罰主義者の「市民」によって支持されるものであっても、あるいはチッソがもたらす経済的利益を重視する「市民」の打算によって黙認されたものであっても、その「市民」たちの感覚を〈法廷〉に反映させることは許されない。

『苦海浄土』を著して水俣病患者の苦しみを訴えた石牟礼道子は、「さいきん死にました父が『おまえは昔ならば寝首をかかれるところじゃ』と言っておりました」と告白し、彼女自身「町を出歩くことをせず、駅から真っすぐ家に帰ることにしていた」と語っている。「差別市民」のもつ感覚は、石牟礼に生命の危険を感じさせるほど、すさまじく恐ろしいものであったのである。(25)

ところで、チッソ水俣病川本事件につき、最高裁第一小法廷は、一九八〇年一二月一七日、次のような決定を下した。

すなわち、「検察官の裁量権の逸脱が公訴の提起を無効ならしめる場合のありうることを否定することはできない」としつつも、それは「公訴の提起自体が職務犯罪を構成するような極限的な場合に限られる」と指摘した。そして、本件犯行は必ずしも軽微とはいえず、この点で当然に公訴を不当とすることはできないと論じ、本件における主要問題は訴追の公平性如何にあることを確認した。しかし、公訴権の発動については、犯罪事実の外面だけで判断することはできず、刑訴法二四八条に列記されている種々の考慮事項を総合的に判断すべきであり、「審判の対象とされていない他の被疑事件についての公訴権の発動の状況との対比などを理由にして本件公訴提訴が著しく不当であったとする原審の認定判断は、ただちに肯認することができない」とした。

しかしながら、本件について第一審が罰金五万円、一年間刑の執行猶予の判決を言い渡し、これに対して検察官からの控訴の申立はなく、被告人からの控訴に基づき原判決が公訴を棄却したものであるところ、記録に現われた本件のきわめて特異な背景事情に加えて、犯行から今日まですでに長時間が経過し、その間、被告人を含む患者らとチッソ株式会社との間に水俣病被害の補償について全面的な協定が成立して双方の間の紛争は終了し、本件の被害者らにおいても今なお処罰を求める意見を有しているとは思われないこと、また、被告人が右公害によって父親を失い自らも健康を損なう結果を被っていることなどをかれこれ考え合わせると、原判決を破棄して第一審判決の執行猶予付きの罰金刑を復活させなければ著しく正義に反することになるとは考えられず、いまだ刑訴法四一一条を適用すべきものとは認められない。

この多数意見（団藤・中村・谷口各裁判官）に対して、本山・藤崎裁判官の反対意見がある。公訴権濫用の法理自体に反対する本山裁判官は、原判決を破棄しなければ著しく正義に反するとする。本件が公訴権濫用にあたらないとする点で多数意見に同意する藤崎裁判官は、「公訴棄却の理由がないのにこれを棄却するのは重大な誤りであって、それだけで四一一条を適用すべき理由になるから、多数意見のように結局において被告人を訴訟手続から解放することは、暴力の行使を容認するものであるかのごとき誤解をまねくおそれがある」と指摘する。

団藤裁判官らの多数意見も、東京高裁の「本件公訴提起が著しく不当であった」という判断を「肯認できない」としたことは、被告人をムリヤリ近代市民法的人間像の枠内にはめる点で大きな後退であるが、「本件のきわめて特異な背景事情」を考慮したことは、一定限度であれ現代社会法的人間像を前提としているゆえに評価できる。

問題は少数意見である。「被告人を訴訟手続から解放することは、暴力の行使を容認するものであるかのごとき誤解をまねくおそれがある」という指摘は、「川本輝夫を起訴すること」を支持するリーガリスティックな厳罰主義者の「市民」の見解に対応するものであり、「奇妙な法の世界の倒錯」を東京地裁判決以上に強めるものである。

少数意見は、「等しきもの（傷害行為者）は等しく扱え（処罰せよ）」という形式的正義の定式を形式的に適用することを求めているようであるが、それならば五井工場でのチッソ従業員による川本やスミス夫妻への暴行・傷害も「等しく扱う（処罰する）」べきである。なぜなら、傷害行為者であるチッソ従業員を訴追することなく放置することこそが、「暴力の行使を容認するもの」だからである。川本のみを訴追し、チッソ従業員を訴追しないことは、まさに差別的起訴そのものであり、公訴権濫用と考えなければならない。少数意見は、公訴権濫用を否定して、川本のみを近代市民法的人間像の枠内に押し込めて「形式的正義の形式的適用」を行なうような外観を装いながら、「チッソ従業員を『拝』し、川本ら水俣病患者を『排』する」水俣の「差別市民」と同様、差別＝実質的不正義というリベラリズムの共生理念を破壊する主張を行なっているのである。

この少数意見は、一見、Ph・ノネとPh・セルズニックの言う法過程のインテグリティ維持を重視する自律的法に適合しているように思われる。しかし、実際は、「川本輝夫のみを訴追し、チッソ従業員は訴追しない」という検察官の裁量を広く認め、自律的法が重視する手続道徳からすれば当然そう判断されるであろう公訴権濫用を、明確に否定している点で、この意見は「正義であるかのごときものを判決で騙る（ことによって裁判官が独裁的権力を行使する）」堕落した応答的法、すなわち抑圧的法に対応している。東京高裁裁判官が行使した想像力＝構想力の方向は完全に正しかったが、あたかも「差別市民」の声に応答するかのような少数意見から窺うことのできる想像力＝構想力は、再び本来の被害者を加害者に・本来の加害者を被害者に確定しようとする誤った方向に行使されてしまったのである。[26]

（1）以下、水俣病をめぐる事態の推移については、原田正純『水俣病』（岩波書店、一九七二年）、宇井純『合本・公害原論』（亜

紀書房、一九八八年）七三頁以下、富樫貞夫『水俣病事件と法』（石風社、一九九五年）等参照。
(2) 原田正純『水俣病は終っていない』（岩波書店、一九八五年）二四頁以下。
(3) 富樫・注（1）四二頁。
(4) 東京・水俣病を告発する会『水俣病自主交渉・川本裁判・資料1』一頁以下。
(5) 鈴木茂嗣『続・刑事訴訟の基本構造・上巻』（成文堂、一九九六年）一五四頁以下。
(6) 田中成明『裁判をめぐる法と政治』（有斐閣、一九七九年）三四八頁以下。
(7) 藤木英雄『公害犯罪』（東京大学出版会、一九七五年）五頁。
(8) 原田・注（2）一〇七頁以下。
(9) 田中・注（6）三二一頁以下。
(10) 小畑清剛『法における人間・人間における倫理』（昭和堂、二〇〇七年）二五三頁。
(11) 田中・注（6）三三六頁以下。
(12) 同右書・二九九頁以下。
(13) J・L・オースティン『言語と行為』坂本百大訳（大修館書店、一九七八年）、H・L・A・ハート『法の概念』矢崎光國ほか訳（みすず書房、一九七六年）、小畑清剛『言語行為としての判決』（昭和堂、一九九一年）参照。
(14) 小畑・注（13）七頁以下。
(15) 鈴木・注（5）一五八頁以下。なお、東京・水俣病を告発する会『水俣病自主交渉・川本裁判・資料2』三一頁以下も参照。
(16) 田中・注（6）三二五頁以下。
(17) Ph・ノネ＝Ph・セルズニック『法と社会の変動理論』六本佳平訳（岩波書店、一九八一年）参照。
(18) 堀口牧子『現代日本の差別意識』（三一書房、一九七八年）一一三頁以下。
(19) 色川大吉編『水俣の啓示・下』（筑摩書房、一九八三年）一〇四頁。
(20) 栗原彬ほか『内破する知』（東京大学出版会、二〇〇〇年）五六頁。
(21) 堀口・注（18）一二八頁。
(22) 不利な立場の少数者をめぐる環境的公正の問題については、戸田清『環境的公正を求めて』（新曜社、一九九四年）参照。
(23) 金菱清『生きられた法の社会学』（新曜社、二〇〇八年）。

(24) 井上達夫のリベラリズム論については、井上達夫ほか『共生への冒険』(毎日新聞社、一九九二年)三八頁以下。
(25) 石牟礼道子『苦海浄土』(講談社、一九六九年)など参照。
(26) 鈴木・注(5)二四九頁の言うように、藤崎少数意見などの危惧する暴力認容の批判はまったくの「筋違い」である。

第二章　土呂久鉱害訴訟——民主主義のコストに耐えられない者

1　土呂久鉱害という悲劇

土呂久は、大分県境に近い宮崎県西臼杵郡高千穂町にある。[1]ここでは古くから銀・銅・鉛などの鉱山活動が行なわれていたが、一九二〇年代から「亜砒焼き」が鉱山師により開始され、その後、企業による本格的な亜砒酸精製へと発展していった。亜砒焼きが人体に悪影響を与えることは、次の証言からも明らかなように、早くから認識されていた。

（政市つぁんは）仕事に出る前、ガラス壷入の練白粉を、顔や手や股ぐらに塗り込んだ。……亜砒負けを防ぐためじゃ。顔には帽子、その上から手拭をかぶって、口と鼻をふさぐようにもう一本の手拭、それに首にも一本と、三筋ぐらいの手拭を巻いて、目だけ出した異様なかっこうで亜砒を焼いた。[2]

鉱山活動によって砒素と亜硫酸ガスが排出され、住民に深刻な健康被害をもたらすと同時に、地域の主要産業であった森林・養蜂・椎茸栽培をほぼ全滅させてしまったことは、獣医の池田牧然が一九二五年に作成した次のような内容の「報告書」からも明らかである。(3) いわく、「……植林ノ杉ガ萎縮シテ成長ガ止リ、或ハ枯死シテ……。……重要産物デアル椎茸ノ原木ヲ見レバ、茸一ッ見ヘヌ。土呂久名物ノ蜜蜂モ、今ハ穴巣ヲ止ムルノミ。……妙齢ノ婦人ノ声ハ塩枯声デ顔色如何ニモ蒼白デアル。久敷出稼デ居ル人ノ顔面ハ、恰モ天刑病患者ノ様ニ浮腫糜爛、眼モ異様ニ充血シテ居ル」。

亜砒焼きに家族一同で携わっていた佐藤喜右衛門一家の七人のうち、一九三〇年から二年の間に五人が次々と死亡するという悲劇も起こった。「一家滅亡」の悲劇を目撃した土呂久の自治組織である和合会は、亜砒酸害毒を議題にし、県や内務省へ陳情を行なったが、日中戦争開始後、亜砒酸が毒ガスの原料として重視されたこともあり、それらは黙殺され続けた。第二次大戦後も、散発的に亜砒焼き中止の申し入れが和合会や婦人会によってなされたが、大きな社会問題とはならなかった。長い間、歴史の暗い闇に隠されていた、鉱毒による悲惨な健康被害の実態が広く知られるようになったのは、一九七一年、現地の小学校教諭であった斎藤正健がアンケート調査を行なったことを契機とする。斎藤による土呂久鉱害の告発が新聞報道されて大きな反響を呼び、宮崎県もようやく医学調査を実施して「慢性砒素中毒患者七人が見つかった」旨の調査報告書を発表した。そこで、黒木博宮崎県知事（当時）の斡旋で、最終鉱業権者の住友金属鉱山が七人の患者に平均二四〇万円の補償金を支払うことで「決着」がつけられた。その後も、新たに認定された患者について、黒木は、一九七六年の第五次斡旋まで和解を「成立」させ続けたが、そこには「（内臓疾患などが砒素を原因とすることが判明しても）将来にわたり一切の請求をしない」という請求権放棄条項が書き込まれていた。この知事斡旋は、後に「密室の強姦」と喩えられたほど強圧的になされ、かつ、補償金を極めて低額に押さえ込んだものであったゆえに、その「決着」や「成立」の正当性が後に裁判で問い直されることになる。

ところで、本件にかかわる二つの鉱区の鉱業権者は転々と変わった。一九二〇年頃の鉱山師による亜砒焼き開始から一九六二年の中島鉱山の倒産による閉山まで、土呂久で亜砒酸を製造した企業はすべて倒産して存在していない。一九七六年に、中島鉱山に資金を融通していた住友金属鉱山が、倒産した中島鉱山に対する債権の代物弁済として、鉱業権を取得した。その後、土呂久鉱毒が大きく社会問題化したこともあって、一九七三年、住友金属鉱山はまったく操業しないまま鉱業権を放棄したのである。

一九七三年、土呂久は、「公害に係る健康被害の救済に関する特別措置法」の指定地域となった。また、その翌年、公害健康被害補償法が施行されてからは、その指定地域となり、慢性砒素中毒と認定された患者には一定の補償が支払われるようになった。しかし、その認定基準は、①曝露歴を有すること、②皮膚に色素異常および角化の多発が認められること、③鼻粘膜瘢痕または鼻中隔穿孔が認められること（その後、④多発性神経炎が認められること、が付け加えられた）という著しく狭いものであった。その基準の狭さを批判する被害者が行政不服審査請求を行ない、また、有力な医学者が「慢性砒素中毒症の（内臓疾患などを含む）全身的な病像をとらえよ」と主張したこともあり、認定基準は「全身の症状を総合して判断する」ものへと徐々に変更されていった。

日弁連公害対策委員会は、一九七四年度の主要活動として全国休廃止鉱山鉱害問題に取り組むことを決定し、土呂久など四ヶ所の調査を開始した。翌年三月、調査を終えた委員会はシンポジウムを開催し、『休廃止鉱山鉱害の原状と問題点』と題された小冊子を配布する。

住友金属鉱山は、鉱業法一〇九条によって鉱業権消滅時の鉱業権者として被害者に対して無過失賠償責任を有しているが、同法一一一条によれば、原状回復義務も課されている。もちろん原状回復には鉱毒被害に対する恒久対策も含まれる。……従って住友金属鉱山は、土呂久鉱毒被害について健康被害に対する過去の正当な金銭賠償はもちろん、いかなる多額の費用を要しようと現存する鉱害妨止および鉱害による疾病に対する治療体制の完備、治療方法の究明、将来の被害者の生活補償を含めた恒久対策を実施する責任がある……。

小冊子の内容を説明する弁護士の言葉に耳を傾ける参加者の中に、黒木知事の斡旋を拒否した患者および強圧的な斡旋を行なった知事の裏切りを訴える患者がいたが、彼（女）らは、「鉱業権を譲り受けた者は、その鉱区で起こっている鉱害の賠償の連帯義務を負う」旨を明記する鉱業法一〇九条の存在を知り、弁護士が示した見解に勇気づけられて提訴する意思を固めていった。そして、同年一二月二七日、五人の慢性砒素中毒症認定患者と一遺族は、住友金属鉱山を被告に、一人一律三三〇〇万円の損害から知事斡旋で受けた金員を差し引いた総額一億九一五〇万円を請求する損害賠償訴訟を提訴した。この第一次提訴の後、一九七六年から七八年にかけて第二次ないし第四次提訴がなされ、これらが併合審理されることになる。これが土呂久鉱害第一次訴訟である。提訴時死亡の一人を含めて原告患者は二三人であり、請求総額は約七億七〇〇〇万円であった。その後、訴訟中に一一名が死亡し、第一次提訴から九年後の第一審判決時の死亡者は一二人となった。さらに二人が死亡し、第一審判決から四年後の第二審判決時の死亡者は合計一四人となり、控訴審判決を聞いた患者はわずかに九人となったのである（ちなみに、一九八四年一〇月三〇日、患者一五人と四遺族が原告となり、土呂久鉱害第二次訴訟を提起している）。

2 「勝訴者」が強制された和解

宮崎地裁延岡支部で土呂久鉱害第一次訴訟が開始されると、被告の住友金属鉱山は、原告の主張とあらゆる点について徹底的に争う姿勢を示した。すなわち、まず「(被告会社は) 鉱石代焦げつき債権回収の一手段として本件土呂久鉱山の鉱業権を取得し鉱業権者となったものの、土呂久鉱山では、一塊の鉱石を採掘したことも、亜砒酸の煙一筋立てることもなく、昭和四八年に右鉱業権をすべて放棄した。本件において被告会社は、何ら稼業の実績を有しない、形式的な当事者であるに過ぎず、その意味で、本訴は加害者不在の訴訟なのである」という基本認識を示した。そして、亜砒酸および亜硫酸ガスによる大気・土壌・水質の汚染をことごとく否定した。また、健康被害についても、原告らの主張する「全身性」「進行性」「遅発性」「発癌性」はいずれも認められないとし、慢性砒素中毒症の病像を狭く限定すべきであると主張した。さらに、「(加害者でも原因者でもない) 無施業の鉱業権者は、鉱業法上損害賠償を問われる立場にはない」ことを繰り返して、「鉱業権者の連帯責任が明記された旧鉱業法の改正 (昭和一五年) 前の損害は、鉱害賠償責任規定の適用外である」と力説した。知事斡旋受諾者に対しては「和解の当事者について、損害賠償請求権は既に失効している」とし、加えて「原告らが主張する被害は、大部分が昭和一六年に終った戦前の亜砒焼きによって生じたものとされているから、すでに四〇年が経過している現在、その損害賠償請求権は失効している」と時効の抗弁を行なったのである。

国が指定した公害の存在すらを否定する被告の応訴によって、当初は四年ほどの期間が要するであろうと考えられた裁判は長引き、一審の審理が終了したのは、提訴から七年たった一九八三年であった。この間、開かれた口頭弁論は五七回、法廷外の証拠調べを加えた審理は七〇回におよび、原告・被告と証人を合わせて四三人が証言し、提出された書証は原告三三〇点、被告四五〇点を数えたのである。

一九八四年三月二八日、宮崎地裁延岡支部は、右記の被告の主張をすべて斥け、原告患者二三人（うち死亡一二人）中一人の請求を棄却したほかは、原告二二人についてその訴えを認め、請求総額約七億七〇〇万円の七割にあたる約五億六〇〇万円の賠償を被告に命じた。しかも、認容金額の三分の二の限度において仮執行が認められたのである。

勝訴した原告患者の一人は、「住友は控訴しちゃならん。これ以上、裁判を延ばすようなら人間じゃない」と訴えたが、翌二九日、被告の住友金属鉱山は、①鉱業法の解釈の疑義、②慢性砒素中毒症の病像の誤り、③知事斡旋の補償範囲を狭く解していることの三点を理由として挙げ、福岡高裁宮崎支部に控訴した。宇井純は「住友の控訴は患者を死に絶えさせるのが狙いだ」と非難したが、まさに被告は控訴審で一審判決のすべての争点を蒸し返して全面的に争う構えをみせた。その立証計画によれば、医学証人三人のほか、冶金学・気象学・地質学・獣医学の学者証人など一一人の尋問を求めるものであり、原告側弁護団は「被告住友の争い方は立証に名を借りた訴訟の延引策であり、争点をしぼって立証を制限する必要がある」と反論しなければならなかった。

一九八八年九月三〇日、福岡高裁宮崎支部は、再び原告勝訴の判決を下した。すなわち、「砒素による長期的かつ継続的な地域汚染が認められ、砒素曝露によって皮膚・呼吸器・神経・循環器障害・（一審が否定した泌尿器癌および乳癌を含む）悪性腫瘍などの全身症状が生じており、住友金属鉱山のような稼行していない鉱業権者といえども損害賠償の義務を負う」と判示したのである。一審でただ一人敗訴した患者の請求も認められ、原告の全面勝利であったが、損害額の算定に関して、その「勝利」は暗転してしまう。高裁判決は、症状・年齢・家族の中で占める地位等により五段階に分けたランクの基準額を算定するにあたって、「ⓐ非特異的な症状に対する鉱山操業の寄与度が具体的に確定されていないこと、およびⓑ被告が操業なき鉱業権者であることを配慮して、最高三五〇〇万円・最低一〇〇〇万円と低く抑え、そのうえⓒ公害健康被害補償法の適用を受けている患者について、同法による給付額をこの基準額から差し引く」という判断を示したのである。その結果、認容総額は一審の約五億六〇〇万円の六割にあたる約三億八〇〇万円となってしまった。高裁判決は、とくにⓒについて、原告患者中に一三人いる公害健康被害補償法適用者への給付額一億八〇〇〇万円を実質的に填補されたものと見なし、これを損害から差し引いたため、同法による受給者の認容額が大幅に減額されて、その一三人すべての認容額が各々が一審で受け取った仮執行金の金額を下回るという事態が生じたのである。つまり、福岡高裁宮崎支部裁判官は、この一三人に対して「仮執行原状回復」、すなわち「認容額より多く受け取った金額を被告の住友金属鉱山に返還せよ」と命じたのである。その総額は実に約一億二〇〇〇万円にのぼる。

控訴審も「敗訴」した被告は、一審敗訴時と同様、三点の理由を挙げ、最高裁に上告した。他方、重篤な病に冒された高齢の原告たちは、「勝訴」したものの、「最高裁の判決が出る前に、私たちは死に絶えてしまうのではないか」と考え、長期裁判への不信を募らせていった。また、一億二〇〇〇万円の返還を命じた高裁の「勝訴」判決が最高裁で確定することへの不安も高まっていった。そこで、「住友金属鉱山への返還金を返すことなく、しかも今後も公害健康被害補償法の適用が受けられる仕方で、何とか解決できないだろうか」という切実な要望が示されることになる。「命あるうちの救済を」および「命あるかぎりの救済を」という二つのスローガンに要約される被害者の目標の実現が原告側の弁護人によって模索されることになった。そこで、弁護人は、一九九〇年四月、最高裁に早期全面解決の努力を要請したのである。

その要請を受けた最高裁は、「人道的見地からの斡旋を非公式に進める」として、原告・被告双方の弁護人を折衝のテーブルに着かせた。しかし、「責任なしの和解はできない」と主張する原告側と「責任なし」の明記にこだわる被告側が対立し、和解は暗礁にのりあげてしまう。そこで最高裁は、「（被告側の要望を受けて）住友金属鉱山の責任には触れず、かつ、（原告側の要望を受けて）仮執行金と同額の見舞金で一括解決する」という内容の和解案を提示したが、それぞれの要望が充たされたこともあり、原告と被告の双方はその和解案を受け入れたのであった。すなわち、一九九〇年一〇月三一日、最高裁第三小法廷で成立した和解条項の第一項で、（鉱業権者の連帯賠償責任の有無には全く触れることなく）住友金属鉱山が鉱業権に基づく操業をしなかったという事実の確認が行なわれ、その第二項と第三項で、原告が仮執行金の総額を見舞金として一括受領するという内容が明記されたことにより、（加害者―被害者関係を前提とする）損害賠償の性格が完全に消え去ることになった。しかし、原告は、これで公害健康被害補償法の打ち切りを回避することができたのである。

3　公害健康被害補償法のパラドックス

たしかに、最高裁第三小法廷で成立した和解は、「命あるうちの救済を」および「命あるかぎりの救済を」という原告の要求に応えるものであった。しかし、第一次訴訟が開始されて一五年、その間、被告である住友金属鉱山の責任を認める三度の「勝訴」判決（第一次訴訟の地裁および高裁判決そして第二次訴訟の地裁判決）を原告は得ながら、最後は「敗訴」し続けた被告の「責任には触れない」という要望を受け入れた和解で、土呂久鉱害訴訟の幕が閉じたのである。しかし、この和解には、チッソ水俣病川本事件訴訟東京地裁判決のような「倒錯」とまでは言えないにしろ、何かしら「空しさ」がまとわりついていることは否定できない。その「空しさ」の原因は、形式的には鉱業法および公害健康被害補償法という法律の存在に求められるが、実質的にはそれらの法律がL・L・フラーの言う当事者主義的訴訟における「参加テーゼ」の限界を明らかにしたことに求められる。

鉱業法一〇九条は次のように規定している。

第一〇九条　鉱物の掘採のための土地の掘さく、坑水若しくは廃水の放流、捨石若しくは鉱さいのたい積又は鉱煙の排出によって他人に損害を与えたときは、損害の発生の時における当該鉱区の鉱業権者……が、損害の発生の時既に鉱業権が消滅しているときは、鉱業権の消滅の時における当該鉱区の鉱業権者……が、その損害を賠償する責に任ずる。

3　前二項の場合において、損害の発生の後に鉱業権の譲渡があったときは、損害の発生の時の鉱業権者及びその後の鉱業権者が……連帯して損害を賠償する義務を負う。

「鉱業権を譲り受けた者は、その鉱区で起こっている鉱害の連帯賠償義務を負う」旨を明記する一〇九条三項は、たしかに、公害法原理が労働法原理に類似していることを前提に、「弱者保護＝被害者救済」の立場から規定されたものである。しかし、問題は、チッソ水俣病川本事件訴訟では文句なく成立していた「弱者保護＝被害者救済・強者抑制＝加害者制裁」という図式の後半部分が、土呂久鉱害訴訟では欠落しているとも思われることである。

実際、被告の住友金属鉱山は、第一審および控訴審の〈法廷〉において、「（加害者でも原因者でもない）無施業の鉱業権者は、鉱業法上鉱害の賠償を問われる立場にはない」と繰り返し主張したが、まさに同社は、その図式の「強者抑制＝加害者制裁」の部分の無効を力説したのであった。地裁判決が下された際、日本鉱業協会会長（当時）の西川次郎も、「土呂久訴訟の判決は想像しなかったほど厳しい。閉山したあと何百年も面倒をみろというのは困る。

あの（鉱業法一〇九条という）悪法は改めてもらいたい」というコメントを発表した。

また、「弱者保護＝被害者救済」という図式の前半部分を実現した第一審判決を支持する原田尚彦も、「（鉱害の原因となる行為を行なっていない住友金属鉱山に賠償を命じるという）結論は、文理上もとより当然で、とくに驚くにあたらない」と述べつつ、他方、原因企業が倒産してしまったため求償権を行使できない同社に同情して、「いさぎよく被害者に対して賠償金を支払ったうえで、国に対して鉱業法の欠陥を指摘して、なんらかの補填処置を求めてみたらどうであろうか」という見解を示している。(4) 同様に、「判決の結論および理由は正当であると思う」と言う淡路剛久も、「鉱業権者から基金を徴収して、鉱害被害者救済制度をもうけることを検討すべきではないか」と提案し、土呂久鉱害訴訟では「強者抑制＝加害者制裁」という図式の後半部分がそのままでは妥当しないことを示唆している。(5)

なお、一九七三年に制定された公害健康被害補償法は、「大気汚染による慢性気管支炎等の非特異性疾患に関する第一種地域と、水俣病等の特異性疾患に関する第二種地域を指定し、公害病に認定された患者・遺族に補償金を給付する」ことを規定している。大塚直によれば、「わが国では、公害問題とそれへの対策の経験から、独特の汚染者負担原則が生まれた。それは、①環境復元費用や被害救済費用についても適用され、また、②効率性の原則というよりもむしろ公害対策の正義と公平の原則として捉えられている」が、まさに公害健康被害補償法こそが、その「正義と公平の原則」を具体化したものなのである。(6) 大塚の言う「正義と公平の原則」とは、「弱者保護＝被害者救済・強者抑制＝加害者制裁」図式に対応するものであることに疑問の余地はない。

しかし、「仮執行原状回復」を命じた控訴審判決で、「公害対策の正義と公平」を具体化した（はずの）公害健康被害補償法は、パラドクシカルにも「弱者保護＝被害者救済」にマイナスに作用したのである。ところが、この「マイナスの作用」は、非難されるとは限らない。例えば、新美育文は、「本判決が述べるように、公健法の立法経緯その他に鑑みるならば、公健法上の給付は、公害被害による損害を填補するものであることについて疑問の余地はなく、損害額から控除されるべきものと考える。さらに、包括請求、あるいは、財産的損害をも含めた慰謝料の請求において、財産的損害のみを填補する公健法上の給付を給付することが許されるかは、もう一つの争点ではあるが、やはり、本判決の述べるように、名称の如何に拘わらず、財産的損害の部分をも含んだ損害賠償請求がなされている場合においては、その部分を填補する給付がなされているかぎりは、その分については控除されてしかるべきであろう」と述べ、公害健康被害補償法による給付額を減額した福岡高裁の下した判決を肯定している。(7) しかし、公害健康被害補償法に具体化されている「正義と公平の原則」＝「弱者保護＝被害者救済」図式の実現を求める原告からすれば、同法による受給分を差し引かれることは、（加害者ではないかもしれないが、明らかに強者である）住友金属鉱山と長期間の裁判を闘った意味が全く失われるだけでなく、同法の適用の打ち切りさえ懸念される事態が、「勝訴」判決でもたらされてしまったことになるのである。この「マイナスの作用」は、明らかに「公害対策の正義と公平の原則」を具体化するものとしての公害健康被害補償機能の本来の立法目的を裏切っている。このパラドックスの成立を肯定する福岡高裁判決や新美育文の見解の「正しさ」は、チッソ水俣病川本事件訴訟東京地裁判決と同様、抽象的なるものとしての近代市民法的人間像を前提としており、その意味で、（慢性砒素中毒患者あるいは水俣病患者という）公害被害者＝弱者であることの具体的特性を裁判官によって汲み上げられるべき現代社会法的人間像を前提とすべき公害訴訟においては、強い説得力をもたない一面的な「正しさ」にすぎないのである。

かくして、公害法原理の「弱者保護＝被害者救済・強者抑制＝加害者制裁」図式のうち、まず鉱業法について原田尚彦や淡路剛久が問題提起することにより、その図式の「強者抑制＝加害者制裁」という後半部分が実質的に脱落し、さらに、公害健康被害補償法について高裁判決や新美育文が示した見解により、その図式の「弱者保護＝被害者救済」という前半部分が完全に否定されたのである。このように、原告らは長期間にわたる公害訴訟を闘わねばならなかったにもかかわらず、その実現を目指した「弱者保護＝被害者救済・強者抑制＝加害者制裁」図式は本来は公害患者の味方であるべき鉱業法と公害健康被害補償法によって逆説的に失効してしまい、結局、最高裁裁判官のパターナリズムを反映した和解に公害患者の救済を委ねなければならなくなったことに、成立した和解の「空しさ」の一因を求めることができよう。

4　「参加テーゼ」の限界

チッソ水俣病川本事件訴訟と土呂久鉱害訴訟で、「加害者である」ゆえに同情の余地のないチッソと「加害者でない」（?・）ゆえに同情の余地のある住友金属鉱山という対比が仮に成り立つと考えると、両企業の責任追及のあり方に関して微妙なニュアンスの違いが出てくることは否定できない。しかし、労働法原理が企業（資本家）＝強者⟷労働者＝弱者という力の非対称の構図を前提としているように、その労働法原理に類似する公害法原理も、（加害者であるか否か或いは同情の余地の有無を問わず）企業＝強者⟷公害被害者＝弱者という力の非対称の構図をやはり前提としている。この力の非対称の構図が裁判でも確認されることを、土呂久鉱害訴訟福岡高裁宮崎支部判決に即して、法的言語行為論の観点から示しておこう。

▼土呂久鉱害訴訟福岡高裁宮崎支部判決（一九八八年九月三〇日、判時一二九二号、二九頁）

●法的発語行為……〈ＬＬＡ〉

福岡高裁裁判官（Ｓ）は、原告（A_1）に、「被告は原告に、（公害健康被害補償法による給付額を差し引いた）金員を支払え（Ｍ）」と言った。

福岡高裁裁判官（Ｓ）は、被告（A_2）に、「被告は原告に、（公害健康被害補償法による給付額を差し引いた）金員を支払え（Ｍ）」と言った。

●法的発語内行為……〈ＬＩＡ〉　In saying M.

福岡高裁裁判官（Ｓ）は、原告（A_1）に、（勝訴）判決を下した。

福岡高裁裁判官（Ｓ）は、被告（A_2）に、（敗訴）判決を下した。

●法的発語媒介行為……〈ＬＰＡ〉　By saying M.

福岡高裁裁判官（Ｓ）は、原告（A_1）を、（最高裁での法的議論に「参加」して闘い続けなければならなくなったことに）絶望させた。

福岡高裁裁判官（Ｓ）は、被告（A_2）を、（上告して最高裁での法的議論に「参加」して闘い続けることを）決意させた。

「話し手（Ｓ）」である裁判官の発した法的発語行為（ＬＬＡ）は、「（原告勝訴の）判決を下す」という法的発語内行為（ＬＩＡ）を遂行したものの、皮肉なことに、「勝訴」したはずの原告（A_1）に、「絶望させる」という法的発語媒介行為（ＬＰＡ）をもたらしたのである。この法的発語媒介行為（ＬＰＡ）を敢えて「参加」という言葉を用いて表現したのは、Ｌ・Ｌ・フラーの言う「参加テーゼ」の限界を、土呂久鉱害訴訟を素材に明らかにするためである。

フラーの「参加テーゼ」によれば、「当事者主義的な訴訟手続においては、双方の当事者は『話し手』として、原則的に対等な立場から様々な証拠や理由づけられた論拠を、自己に有利な決定を得るために『聞き手』である裁判官に提示し、主体的・能動的に法的議論が闘わされる裁判に『参加』することが保障されている」とされる。[8] すなわち、当事者主義的訴訟が行なわれる〈法廷〉においては、「話し手（S）」である裁判官が「聞き手（A）」である両当事者に対して判決を下す「判決言渡しの過程」に先立って、「話し手（S）」である両当事者が「聞き手（A）」である裁判官に向って証拠や論拠を提示する「法廷弁論の過程」が存在するのである。しかも、その際、原告と被告は原則的に自由かつ対等な立場から攻撃・防禦を行なうことが手続的に保障されているから、両当事者は〈法廷〉内で「平等」であると考えられる。法廷弁論の過程では、原告と被告は攻撃と防禦を交互に繰り返すことになるから、両当事者は「話し手（S）」と「聞き手（A）」というコミュニケーション上の役割を平等に交替する。仮に〈法廷〉外の原告と被告の間に経済的実力差が存在するとしても、それは法廷弁論の過程における「話し手」としての〈法廷〉への平等な参加を妨げるものではなく、また経済的弱者が〈法廷〉内で受動的な「聞き手」であり続けさせるものでもないゆえに、両当事者間の経済的実力差が〈法廷〉内に直接に反映されることはありえないと言えよう。「参加テーゼ」は、〈法廷〉内の両当事者間に経済的平等が成立していることを保障するテーゼである。また、当事者主義的訴訟が行なわれる〈法廷〉において「法廷弁論の過程」が「判決言渡しの過程」に先行することは、両当事者と裁判官の間でも「話し手（S）」と「聞き手（A）」というコミュニケーション上の役割が交替することを意味している。裁判官が「話し手（S）」として「判決を下す」という法的言語行為を遂行する前に、原告と被告が証拠や論拠を提示することによって〈法廷〉に「話し手（S）」として参加するということは、当事者自身の意思決定プロセスへの参加を正当化根拠とする民主主義（デモクラシー）が、〈法廷〉に嵌め込まれていることを示している。それゆえ、「参加テーゼ」は、〈法廷〉内の裁判官と両訴訟当事者の間に民主主義が成立していることを保障するテーゼでもある。(9)

フラーの言う「参加テーゼ」を承けて、田中成明は次のように指摘する。

いかなる価値・利益の確保・実現の要求であれ、それが法的抗争として適切に構成されて裁判所に持ち込まれれば、訴訟は開始され、裁判所や相手方はその主張に耳を傾けねばならない。しかも、公開の法廷で当事者対立主義的手続に従って自己に有利な論拠や証拠を展開・提示し、相手方の主張を問いただす機会が原理上平等に保障され、それに基づく裁判官の審理と公権的裁定を受けることができる。従って、裁判闘争においては、たとえ司法的保護・救済というフォーマルな法理論レベルの要求が、裁判所によって承認されなくとも、少なくとも訴訟の提起そのもの、法廷における当事者間の攻防、さらに、否定的なものであれ、裁判所の何らかの公権的裁定が下されることなどによって、とくにテレビ・ラジオ・新聞・雑誌などのマスコミを媒介として、紛争解決・政策形成が必要とされる問題の存在とか、既存の紛争解決・政策形成の規準・手続の欠陥に対する世論・社会の注意を喚起したり、紛争解決・政策形成の規準・手続の是非の判定や改善策の検討などに必要な情報を公にし、争点を明確化するために、最小限の公権的メカニズムの作動を求めることができるのである。(10)

フラーの「参加テーゼ」によって〈法廷〉内に民主主義が成立しているからこそ、〈法廷〉外の民主主義的な政治体制の下で、時にマスコミの報道などを通して、様々な裁判の政策形成機能の実現が期待されるのである。それでは、土呂久鉱害訴訟福岡高裁判決で両当事者間に力の非対称の関係が確認されたことと、「参加テーゼ」の限界はどのように関係するのであろうか。そのヒントは、P・カラマンドレイが、民主主義が成立する当事者主義的訴訟とパターナリズムが支配する全体主義的訴訟を比較検討している事実から得ることができよう。

5　民主主義のパラドックス

イタリアの訴訟法学者P・カラマンドレイは、一九五四年に名著『訴訟と民主主義』を刊行したが、そこにはファシスタ政府下における法的正義と政治的民主主義の危機という彼自身が体験した問題意識が強烈に反映している。[11] カラマンドレイは、〈法廷〉では裁判官と双方の訴訟当事者が「主体」となることを強調して、次のように述べる。「(裁判は裁判官の一人芝居ではなく) 対話、会話、そして主張、答弁、反論の交換であり、作用と反作用、刺激と反応、攻撃と反撃の交錯」である。それゆえ、裁判はフェンシングのようなスポーツ競技と似ているけれども、「それは説得というフェンシングであり、推論の競技でもある」。

「かつては裁判官のみが裁判の主体となる訴訟形態が存在した。この訴訟形態にあっては、裁判官の面前には、自由に攻撃・防禦を行なう責任ある人間は存在しなかった」とカラマンドレイは指摘する。しかし、彼は、訴訟形態の移行の歴史的分析を試みているのではなく、その視線はハッキリと現在という時点に向けられている。彼の鋭い批判の刃は、ナチズムの全体主義的訴訟に突きつけられている。いわく、「ナチ支配の末期の数年間に、ドイツでは、民事訴訟の改正の提案……が論議されたが、その改正案は、当事者対立の構造を廃止して、当事者主義的訴訟を専ら裁判官のイニシアティヴによって進む全く後見的な訴訟手続に変えることを目指していた。……全体主義のナチズムが、指導者（フューラー）という父の懐の中ですべての対立を和らげることによって、遂には政治生活から互いに対立する諸政党を除くことに成功したように、訴訟においては互いに対立する当事者は廃止されなければならなかったし、また、裁判所においても、指導者原理という宗教が凱歌をあげる必要があった」。

このようにしてカラマンドレイは、全体主義批判という観点から、「訴訟法と憲法、つまり裁判制度と政治制度の比較は、有益でかつ新しい視野を開くもの」である、という結論を導出する。すなわち、「裁判闘争における複数の訴訟当事者は、政治闘争における複数の政党に似ている」し、また、「民事訴訟において双方の訴訟当事者が、その論拠の質とそれを説得する能力とによって自らに勝利を導くものであることと、議会制の下ですべての政党が、その綱領の質によって選挙で勝利をもたらし自らを政権の座につかせるものであることは、やはり本質的に対応している」と考えられるのである。

つまり、「複数の政党が対立する自由主義的政治体制の下での当事者主義的訴訟においては、判決は、自覚と責任のある複数の意思が弁証法的に対立しながら訴訟を遂行した結果であり、最後まで不確定なものである」が、「政治生活から対立する諸政党が除かれたナチズムの政治体制の下での全体主義的訴訟においては、訴訟の遂行は、最初から既に確定してしまっている判決について、回顧的に見せかけの正当化を行なう小細工にすぎない」ことになるのである。

カラマンドレイの言う全体主義的訴訟と土呂久鉱害について最高裁で成立した和解には、当事者が主体的・能動的に意思決定プロセスに参加する法廷弁論の過程が存在しないという共通点がある。前者では、ヒトラーに忠誠を誓う裁判官のパターナリズムが支配し、後者では、重篤な病に冒された高齢の被害者を救おうとする裁判官のパターナリズムが頼りにされた。両事例では、裁判官のみが「話し手」という主体となり、その面前には自由に攻撃・防禦を行なう責任ある当事者は存在しえない。意思決定プロセスに参加しえない当事者は、パターナリズムを体現した裁判官の提示する（例えばヒトラー暗殺計画の参加者への死刑判決あるいは土呂久鉱毒の被害者への和解案のような）結論を「聞かされる」受動的な存在でありつづけなければならない。ヒトラーのユダヤ人抹殺を非難したり住友金属鉱山の責任を追及するための〈法廷〉への参加を正当化根拠とする民主主義は、当然ながら、ここでは実現されえない。ナチスの全体主義的訴訟においては、当事者は〈法廷〉における平等と民主主義という価値の実現可能性を政治権力により強制的に剥奪されたが、土呂久鉱毒の被害者は〈法廷〉における平等と民主主義という価値の実現可能性を自らの自由意思により放棄したのである。否、正確には、原告患者らは、平等と民主主義が保障されているはずの当事者主義的訴訟の法廷弁論の過程に参加したために、その平等と民主主義を自ら放棄しなければならない状況にまで追い込まれてしまったのである。つまり、フラーの「参加テーゼ」が妥当する当事者主義的訴訟が行なわれる〈法廷〉においても、（住友金属鉱山のような）企業＝強者⟷公害被害者＝弱者という力の非対称の構図を克服することはできなかったのである。

それでは、土呂久鉱害訴訟における法廷弁論の過程で、原告と被告との間に参加の不平等が存在したのであろうか。例えば、企業（住友金属鉱山）＝強者側の証人や提出された書証は、公害被害者（慢性砒素中毒症患者）＝弱者側の証人や提出された書証の一〇倍もあったのであろうか。それならフラーの「参加テーゼ」は既に失効していたと判断されよう。しかし、現実はそうではなかった。第一審の法廷弁論の過程において、原告側の証人は九人（うち医学証人が二人）であり、被告側の証人は一三人（うち医学証人が二人）であった。また、原告側が提出した書証は三三〇点であり、被告側が提出した書証は四五〇点であった。それゆえ、少なくとも形式的には、「参加テーゼ」によって平等と民主主義という価値は、土呂久鉱害訴訟の第一審では実現されていたのである。このことは、基本的に控訴審の法廷弁論の過程に関しても同様である。しかし、医学証人の三人を含む一一人の証人尋問を求めるという控訴審における被告側の立証計画を知った原告側弁護人は、「被告の争い方は立証に名を借りた訴訟の延引策である」と批判したのであった。だが、フラーの「参加テーゼ」によれば、原告側も多数の証人を立てて、〈法廷〉

において堂々と被告側と法的議論を闘わせることこそが、平等および民主主義という価値の実現を可能にするはずなのである。ところが、原告側は、「参加テーゼ」にとっての自殺行為とも言うべき「立証の制限」を主張したのである。このことは、平等と民主主義を実現するために、法廷弁論の過程において証拠と理由づけられた論拠を提示するための参加の機会を両当事者に平等かつ十分に保障すればするほど、裁判が長期化して企業＝強者⟷公害被害者＝弱者という力の非対称の構図がますます圧倒的なものとなり、重篤な病に冒された高齢の患者たちにとって〈法廷〉で「法的正義」を勝ち取ることがいよいよ遠のいていくというパラドックスが成立することを雄弁に物語っている。平等と民主主義の実現を保障すべき「参加テーゼ」自体が、平等と民主主義を破壊してしまうというパラドックスである。

原告側の弁護人は、「裁判を提起した当時、何がいちばん必要だったかといえば、法的責任を明確にすることだった。法的責任の不明確な救済は、本当の救済にならない」と述べている。しかし、右記のパラドックスの成立は、控訴審判決によって「勝訴」した原告を、「〈原告自身が死亡するリスクと被告への大金の返還命令が確定するリスクを負いつつ、最高裁での法的議論に『参加』して『被告の法的責任を明確化する』ために闘い続けなければならなくなったことに〉絶望させる」という法的発語媒介行為を遂行させて、提訴した当時なら拒絶していた「法的責任の不明確な救済」をもたらすであろう最高裁の和解勧告に応じさせたのである。それは、訴訟への参加を正当化根拠とする民主主義ではなく、被告の法的責任を明確化するための訴訟利用を回避してまでも、原告を窮地から救ってくれるであろう和解案に具体化されている最高裁裁判官のパターナリズムが選択されたことを意味する。

6　法動員の不平等

平等と民主主義を保障するものとしての「参加テーゼ」を提示したフラーと、その「参加テーゼ」に基づいて裁判の政策形成機能の重要性を強調した田中成明が見逃してしまったのは、平等が実質的平等ではなく形式的平等にすぎないことと、民主主義にコストがかかることである。「資金」と「時間」という民主主義にかかるコストは、法動員〈法廷〉で自己の主張の正しさを認めよと要求する運動）のための資源の配分が不平等であることを反映して、企業＝強者と公害被害者＝弱者の間にコスト負担の苦しさの不平等をもたらすことになる。

宮澤節生は、当事者主義的訴訟という同じ制度を前提としても、「当事者が何であるかによって行動に違いが出ている」ことは明らかだ、と指摘する。土呂久鉱害訴訟のように、被告＝企業（組織体）⟷原告＝公害被害者という対立状況では、「被告側は、ひたすら時間をかけるだけで、自己の側では問題にならない資源が原告側で枯渇するのを待つことができる」のである。

原告側では次第に資金が途絶え、原告自身も生物学的に消滅していくのである。水俣病でも土呂久鉱害でも原告になっていない被害者があるように、原告団を組織して提起すること自体、英雄的な努力を要したはずであるが、その訴訟を継続して判決確定まで持ち込むには、さらに大きな困難が待ちかまえている。一審判決の仮執行を受けざるをえなかった（つまりお金を必要とした）ために控訴審判決後返還に迫られ、しかも原告患者の半数以上が死亡したという土呂久鉱害訴訟は、このことの見事な、したがって悲劇的な実例である。

宮澤の言う「資金が途絶える」ことは、資金という法動員の資源に関して、〈法廷〉における「平等」が、「実質的平等」ではなく「形式的平等」にすぎないことを示している。また、「生物学的に消滅していく」ことは、時間という法動員の資源に関しても、〈法廷〉において不平等が生じていることを意味している。すなわち、〈法廷〉での法動員のための資源である資金や時間を「持てる者（企業＝強者）と持たざる者（公害被害者＝弱者）」は、〈法廷〉への参加という民主主義のコストである資金と時間に耐えて判決を「待てる者（企業＝強者）と待てない者（公害被害者＝弱者）」と言い換えることが可能である。だからこそ、判決を待てない者は、最高裁裁判官のパターナリズムに頼らねばならなかったのである。そのため、宮澤が指摘するように、「公害訴訟で原告側が『和解にかける』というのは、ほとんど確立したパターンと化している」のである。[12]

このように、法動員のための資源あるいは民主主義のコストという観点からすれば、両当事者間の〈法廷〉外での経済的不平等は決して〈法廷〉内に反映されないと考えるフラーの「参加テーゼ」に限界があることは明白である。それゆえ、土呂久鉱害訴訟においても、（加害者であるか否かを問わず）企業＝強者⟷公害被害者＝弱者という公害法原理が提示する力の非対称の構図は疑問の余地なく〈法廷〉内でも確認されることになる。

フラーの「参加テーゼ」は、自由・独立・賢明な両当事者が主体的・能動的に〈法廷〉に参加することを前提にしており、明らかにそこで想定されているのは近代市民法的人間像である。そして、ともに近代市民法的人間である原告と被告の間には、資金や時間という裁判のコスト負担能力や法動員のための資源調達能力に関して対称性が存在していると見なされる。しかし、土呂久鉱害訴訟の場合、それは「近代市民法的人間像のもつ虚偽性」に他ならない。すなわち、土呂久鉱害訴訟における被告と原告の関係は、企業（資本家）＝強者⟷労働者＝弱者という力の非対称の構図を前提とする労働法原理と類似する、企業（組織体）＝強者⟷公害被害者＝弱者という力の非対称の構図を前提とする公害法原理が妥当する関係であった。それゆえ、土呂久鉱害訴訟における一方当事者たる原告は、フラーの想定する〈法廷〉に主体的に参加する能動的な存在ではなく、むしろ〈法廷〉において「弱者保護＝被害者救済」の観点から、長期間にわたる裁判で苦しんできたという背景的事実と重篤な病に冒されている高齢の患者であるという具体的特性が裁判官によって汲み上げられるべき受動的な存在であった。Ph・ノネとPh・セルズニックの図式を用いて言えば、チッソ水俣病川本事件訴訟の場合と同様、ここで必要とされたのは、形式主義とリーガリズムに陥りがちな自律的法ではなく、慢性砒素中毒患者という不利な立場の少数者の声への責任を果たそうとする応答的法なのである。そして、デモクラシーが手続的道徳により保障される法廷弁論の過程を欠く和解にふさわしいのが、テレビで活躍する大岡越前のような頼れる父親＝名裁判官が想像力＝構想力を働かせて実質的正義をパターナリスティックに実現することを可能にする応答的法なのであった。しかし、現代社会法的人間として応答的法によって「救済《される》」ことを望んだ原告らは、〈法廷〉に主体的・能動的に参加する近代市民法的人間として自律的法によって住友金属鉱山の責任を「追及《する》」ことを断念せざるをえなかったのである。

（1）　以下、土呂久鉱害をめぐる事態の推移については、田中哲也『鉱毒・土呂久事件』（三省堂、一九八一年）、落合正『土呂久鉱害問題と闘う』（鉱脈社、一九九〇年）、川原一之『辺境の石文』（径書房、一九八六年）等参照。
（2）　川原一之『口伝・亜砒焼き谷』（岩波書店、一九八〇年）一七頁。
（3）　土呂久を記録する会編『記録・土呂久』（本多企画、一九九三年）四八五頁。第一次訴訟の提起から最高裁での和解に至る経緯については、すべて本書による。
（4）　原田尚彦「鉱害の賠償責任」『法学教室』五〇号所収参照。
（5）　淡路剛久「公害・環境問題と法理論（その二）」『ジュリスト』八三一号所収参照。ただし、田中・注（1）は、住友金属鉱山は「戦後の土呂久の亜砒鉱山操業では実質責任を負わねばならないようなかかわり方をしている」と指摘している。「昭和二十九年に亜砒製造を再開した中島鉱山と住友金属鉱山とは初めから系列的関係にあり、その前後から住友は中島に融資を始めている。三十三年に坑内に出水事故があり中島が経営の危機に陥った時、住友は子会社から重役を派遣して実質上の経営権を握っている。その一連の融資の肩代わりとして住友は鉱業権を入手しているのであり、ある日突然に鉱山を譲り受けたものではない。そういった事実経過を考えると、……鉱業法一〇九条を持ち出さなくとも、鉱毒事件にはもともと加害者の一人として責任を負うべき明確な理由が存在するのである」。「法律」論としてはともかく、「常識」論として傾聴すべき意見である。

（6）大塚直『環境法（第二版）』（有斐閣、二〇〇六年）五七頁。

（7）新美育文「土呂久公害訴訟高裁判決における損害論」『ジュリスト』九二四号所収参照。

（8）L. L. Fuller, The Principles of Social Order , Duke Univ. Press. 1981, p.87f.

（9）小畑清剛『魂のゆくえ』（ナカニシヤ出版、一九九七年）三六頁。

（10）田中成明『裁判をめぐる法と政治』（有斐閣、一九七九年）二九九頁以下。

（11）以下のカラマンドレイの議論はすべて、P・カラマンドレイ『訴訟と民主主義』小島武司ほか訳（中央大学出版部、一九七六年）による。

（12）宮澤節生『法過程のリアリティ』（信山社、一九九四年）三七頁。

第三章　大阪空港公害訴訟と名古屋新幹線公害訴訟——間接波及効についてのリフレクション

1　欠陥空港と欠陥新幹線

大阪国際空港は、兵庫県伊丹市、大阪府池田市および豊中市の三市にまたがる面積三一七万平方メートルの狭隘な空港である。(1)　一九三八年に小規模のプロペラ機専用の飛行場としてつくられたが、第二次世界大戦の敗戦により米軍に接収された。一九五九年に全面返還され、翌年には国営の国際空港として開設された。東京オリンピックが開催された一九六四年にジェット機の乗り入れが開始された。また、大阪で日本万国博が開かれた一九七〇年に、従来のＡ滑走路に加えて新たにＢ滑走路の併用が開始され、多数の大型機が頻繁に離着陸するようになった。そのため、航空機騒音・振動などの深刻な空港公害が発生した。ちなみに、一九七一年五月の一日の航空機の離着陸機数は四四三機（うちジェット機は二四四機）であり、その最多時間帯である午前一〇時から一一時の離着陸機数は三七機（うちジェット機は二三機）であった。つまり、ジェット機は実に三分に一機の割合で離着陸していたのである。

一九六四年一〇月一日、東京オリンピックの直前に開通した東海道新幹線は、名古屋駅付近では、沿線の中でも最も人家が密集し人口が稠密な地域の一つである名古屋市中川区西宮町から熱田区を経て南区三新通りに至る約七キロの区間を通過する。この区間では、軒先をかすめるようにして高架が作られていることもあり、営業開始直後からテレビの受信障害などが発生していたが、当初、午前六時二五分頃から午後一一時三一分頃まで列車が走行し、最多時間帯では一時間当たり実に一七本もの列車が通過していた。終列車通過後も、始発までの夜間に保線作業が行なわれ、道床つき固め作業で大きな騒音を発生させていた。その後、新幹線列車本数の増加・車輌編成の強化・スピードアップにより輸送量が著しく増大するにつれて、騒音および振動の被害も大きくなっていった。一九七五年七月二九日に告示された新幹線鉄道騒音に係る環境基準は、Ⅰ地域（主として住宅の用に供される地域）を七〇ホン以下、Ⅱ地域（通常の生活を保全すべき地域）を七五ホン以下と定めたが、公衆衛生学を専攻する中川武夫によれば、この区間の世帯ごとの曝露値の分布は、騒音七五ホン超過が八四・六％にまで達していたのである。

住宅密集地域に立地した大阪国際空港は「欠陥空港」と呼ばれたが、七キロにわたる人家の稠密な地域＝「病める地域」を通過する東海道新幹線は「欠陥新幹線」と言わねばならない。強烈な騒音・振動・排気ガスなどをもたらす航空機や新幹線列車による公害は、空港や高架の周辺住民がたまたまその地域に居住しているだけで不可避的に蒙らなければならない様々な苦痛を発生させる。その公害の深刻さは、それが、①精神的被害（不快感・いらだち・神経過敏・ノイローゼなど）、②身体的被害（耳鳴り・頭痛・目まい・食欲不振・高血圧・心臓疾患・流産など）、③日常生活妨害（安眠妨害・会話妨害・作業妨害など）を惹き起こしている事実からも明らかである。

水俣病のような産業公害と闘う住民運動がチッソという私企業の営利追求と企業責任を告発したのに対し、ここで批判の対象となったのは、「公共性」の名の下に、加害責任を認めず抜本的な公害防止対策をとろうとしない国・空港公団（当時）や日本国有鉄道（＝国鉄・当時）など「欠陥」交通施設の設置管理者や事業者のあり方であった。

加害者側は、公共事業や社会資本の有用性をもって「公共性」を僭称し、それを公害被害の受忍限度を高めるための論拠として用いた。被害者側は、そのような「公共性」の抑圧的性格を告発しようとしたが、欠陥交通システムにより高度に産業化した現代の都市生活と経済活動が支えられている以上、住民運動による「(抑圧的でない) 公共性」の回復は困難をきわめた。

住民運動の限界に直面し、一九六九年、大阪国際空港の周辺二〇〇〇メートル以内で離着陸コースの直下に居住する住民（原告）らは、航空機の騒音・振動・排ガスにより身体的・精神的被害および生活環境破壊などの被害を受けたとして、空港の設置管理者である国を被告として、①人格権および環境権に基づき午後九時から翌朝七時までの空港の使用差止め、②過去の損害賠償、③将来の損害賠償を求めて、民事訴訟を提起した。

一審の大阪地裁は、一九七四年二月二七日、①午後一〇時から翌朝七時までの空港の使用差止め、②過去の損害賠償は認めたが、③将来の損害賠償は棄却した。二審の大阪高裁は、一九七五年一一月二七日、①（環境権については判断しなかったものの）人格権に基づき午後九時から翌朝七時までの空港の使用差止め、②過去の損害賠償、③将来の損害賠償のすべてを認める画期的な判決を下した。原告全面勝訴の大阪高裁判決に驚いた国からの上告を受けた最高裁（大法廷）は、一九八一年一二月一六日、「午後九時以降の空港の使用差止めと将来の損害賠償について、訴訟要件を欠く」として門前払い却下判決を下した。この最高裁判決は、空港がもつとされる「(抑圧的な) 公共性」の重視、「危険への接近」理論の肯定に加えて、「航空行政権」という新たな概念を創造し、「国営空港の管理は『施設管理権』に基づく非権力作用と『航空行政権』に基づく権力作用との不可分一体的な作用である」という論理を提示して、国営空港の使用差止めを求める民事訴訟を不適法として門前払いした点に特徴がある。批判の強い最高裁判決と対照的に、いわゆる「いのちの一時間」を認めたとして評価の高い大阪高裁判決について、淡路剛久は次のように指摘する。「(原告を完全勝利させた)大阪高裁判決は、同じような航空機騒音被害を受けている他の民間空港および軍事空港周辺の住民に大きな影響を与え、同様の訴訟があちこちの地域で提起された。たとえば、民間空港については、昭和五一年に福岡空港公害訴訟が提訴され、軍事空港についても、昭和五一年に横田基地公害訴訟、ついで同年厚木基地公害訴訟が提起されている」[2]。ちなみに、昭和五一年は、大阪高裁判決が下された翌年である。

他方、名古屋市在住の住民たちは、一九七二年八月に名古屋新幹線公害対策同盟連合会という団体を組織して、国鉄に被害対策を要望しつづけていた。それと並行して、前記七キロ区間の新幹線軌道の両側一〇〇メートル以内に居住する住民(原告)らは、一九七四年、国鉄を被告として、①人格権および環境権に基づき、新幹線列車の走行によって発生する騒音・振動が一定量を超えて原告らの敷地内に侵入することの差止め、②過去の損害賠償、③将来の損害賠償を求めて、民事訴訟を提起した。

一審の名古屋地裁は、一九八〇年九月一一日、②過去の損害賠償は認めたものの、③将来の損害賠償についてはと「訴えの必要がない」という理由で却下し、①騒音・振動の差止めは、新幹線のもつ「公共性」を主たる理由に、すなわち「差止めを認めることによって生じる一般大衆の犠牲は差止めを認めない場合の原告らの不利益よりも重大である」と判断して、棄却した。判決によれば、原告らの求めている騒音・振動値を達成するためには、名古屋地区における減速以外に方法はないが、もしそのような減速を認めると、「他の多くの地区でも減速を余儀なくされ」て、「新幹線全体をスピードダウンさせることになる」のである。つまり、「本来国全体の交通政策に基づいて政治問題として決定されるべき領域に司法権が踏み込むことになる」ゆえに、結果として「司法権の逸脱になる」と名古屋地裁は判断したのである。二審の名古屋高裁も、一九八五年四月一二日、(批判の強かった)名古屋地裁の全線波及論をさらに強化したうえで支持し、①原告らの差止め請求を棄却した。②過去の損害賠償について、名古屋地裁は「公共性」は影響を与えないとしていたが、高裁は「公共性」を含む八因子を考慮項目とし、受忍限度値を高めたため、地裁で損害賠償が認められた低レベルの被害を受ける原告の損害賠償をも否定した。③将来の損害賠償については、大阪空港公害訴訟の最高裁判決を引用して、却下すべきである、とした。本判決について両当事者から上告があったが、国鉄が騒音・振動対策に努力すると共に原告らに和解金約五億円を支払うことで、一九八六年三月に、訴訟外の和解が成立した。

以下では、大阪空港公害訴訟大阪高裁判決と名古屋新幹線公害訴訟名古屋地裁判決の比較検討を試みるが、その際とくに注目すべきは、「判決を下す」という法的言語行為を遂行した裁判官が、その判決に「自省（リフレクション）」を反映させたか否かである。

2　慣習的行為・合理的行為・自省的行為

社会理論における「自省（リフレクション）」の意義を重視する今田高俊は、近代科学の理性が限界をもつことを指摘する。[3] すなわち、今田によれば、「近代科学の理想は、自己言及の問題を論理の世界から排除することで、認識主体と客体とのあいだに一線を画し、主体の客体にたいする認識的優位を保ってきた」が、自己の経験が自分自身に立ち返ることを前提としない近代科学は、「主体による客体のあくなきコントロールを正当化」してしまう。何を目指して現在の行為や過程を制御するのかが明確でないと制御は全く作動できないから、コントロールには必ず目標値ないし目的が必要であるが、「社会の変化にたいする方向づけを問い直し、新たな自己組織化を模索しなければならない時代には、コントロール思想だけでは役に立たない」ことになる。この場合に必要となるのが、ルールとコントロールの延長線上にあって、しかもそれらを超えるリフレクションなのである。

今田は、リフレクションを重視する独自の自己組織性の観点から行為の類型化を試みる。まず、規則に対して非反省的であり、慣れ親しんだ慣習によって行為する「慣習的行為」がある。慣れ親しんだ慣習は規則に従うことのルーティン化にその基礎をもつから、「制度や価値への帰属が優位した行為」＝「伝統―帰属図式にもとづく行為」と位置づけられる慣習的行為では、動機実現ないし目的達成と規則に従うことが必然的に一致融合し、行為の動機要素と規範要素とのあいだに矛盾や葛藤がないゆえに、「構造による意味のホメオスタシス」があるだけである。次に、目的が意識的に設定され、目的に対する手段の選択が重要となる「合理的行為」がある。「（規則に非反省的に従った行為ではなく）規則を使った行為」＝「目的―手段図式にもとづく行為」と位置づけられる合理的行為では、規則に従うことが自己目的化していない。規則に従うことが無意識的となる慣習的行為と異なり、合理的行為では規則を使って自己の目標達成を有利にすることが目指されるゆえに、規則は「コントロール・パフォーマンス図式に包摂され、目的にたいする手段要因」となる。最後に、合理的行為に見られるコントロール作用の限界を確認するところから始まる「自省的行為」がある。「意味―自省図式が優位する行為」と位置づけられる自省的行為は、「意味を問い直す自省作用、たとえば行為の意図せざる結果がもたらされたとき、もとの行為に立ち返って何故そうなるのかを問いなおす」ことに関わるものである。今田によれば、この自省的行為の始発メカニズムとなる重要な要因として、「（インフレ期の購買行動とインフレの加速のような）行為の意図せざる結果」、「（公害＝環境問題・脳死問題・老人ケア問題のような）社会問題」、「（産業化の進展に伴う農村的生活様式から都市的生活様式への移行のような）価値観の変化」が挙げられる。かくして、自省的行為では、既存の規則によって規定された意味からの差異化が起きるが、「それはリフレクションによって差異からの差異化が起き、意味が構造に介入する」ことを示している。

もちろん、伝統―帰属図式にもとづく慣習的行為は構造次元、目的―手段図式にもとづく合理的行為は機能次元、意味―自省図式にもとづく自省的行為は意味次元にそれぞれ典型的な行為である。しかし、今田は、右記の行為類型を単に同一の二次元平面上に並置することなく、それらの三次元空間における螺旋的な高次化を強調する。すなわち、伝統への帰属が支配的だった慣習的行為は、目的に対する手段のコントロールが意識化されることによって合理的行為に変換され、その合理的行為の限界に突き当たった時には、意味による自省作用が活発化して、新たな意味形成が模索される。さらにこの意味が既存の規則の中に介入して自己の位置を確保し、既存の制度的伝統に新たな伝統が追加されることによって、「もとの伝統よりは高次の（正確には多様度の大きい）伝統に到達する」のである。だからこそ、行為の三類型は、「上向きの循環運動」＝「螺旋運動」によって相互に結びついている、と考えられる。かくして、今田は、社会的行為の意味の側面からのアプローチを、「意味をルールとしての構造によって問うこと（慣習的行為）、意味をコントロールとしての機能によって問うこと（合理的行為）、および意味をリフレクションとしての意味によって問うこと（自省的行為）」と捉えるが、とくに「リフレクションでは意味に固有の『意味の意味』が問われる」ことになると指摘する。つまり、環境アセスメント（環境影響評価）の場合、「アセスメント（評価）のアセスメント（評価）」の意味がリフレクションによって問い直されることになる。社会学者の吉田民人は、変異情報ないし貯蔵情報の採択淘汰という観点から自己組織性理論を構築している。[4] 吉田理論では、「評価の評価」に関わる選択（ないし評価）規準自体は採択淘汰の対象となりえないが、他方、今田の自省的機能主義では、しばしば「（開発計画への）アワスメント」と皮肉られる従来の環境アセスメントはこのままでよいのかに関わる選択（ないし評価）規準自体も採択淘汰についてのリフレクションの対象となりうる。ここに今田理論の優位を確認することができるが、法的言語行為の観点からすれば、専ら日常言語分析レベルのリフレクションに注目する今田理論は、〈法廷〉で遂行される「判決を下す」という法的言語行為を典型とする複線的言語行為の「意味の意味」ないし「評価の評価」を適切に主題化することができない点に、重大な弱点があると言わねばならない。

3　言語行為としての判決

J・L・オースティンの言語行為論も、日常言語分析レベルに定位しているゆえに、複線的言語行為の典型である法的言語行為に関して決定的な限界をもつ。法的言語行為では、話し手である裁判官（S）による法的発語行為の遂行によって、必然的に存在する「（勝訴して）喜ぶ」聞き手（A_2）と「（敗訴して）落胆する」聞き手（A_1）以外にも、いかなる法的発語行為が遂行されたかを見きわめたうえで、同様の訴訟を提起しようかどうか思案している聞き手（A_3）もまた存在する場合があるのである。

いま、ある差止請求訴訟で、裁判官（S）が「原告の差止請求を棄却する」という判決を下したとしよう。

•法的発語行為……〈LLA〉

裁判官（S）は、原告（A_1）に、「原告の差止請求を棄却する（M）」と言った。

裁判官（S）は、被告（A_2）に、「原告の差止請求を棄却する（M）」と言った。

•法的発語内行為……〈LIA〉　In saying M,

裁判官（S）は、原告（A_1）に、（敗訴）判決を下した。

裁判官（S）は、被告（A_2）に、（勝訴）判決を下した。

●法的発語媒介行為……〈LPA〉　By saying M,

裁判官（S）は、原告（A_1）を、落胆させた。

裁判官（S）は、被告（A_2）を、喜ばせた。

裁判官（S）は、（同様の差止請求訴訟を提起しようかどうか思案している）聞き手（A_3）を、失望させた。

裁判官（S）は、（同様の差止請求訴訟を提起しようかどうか思案している）聞き手（A_3）を、（差止請求訴訟を提起することを）断念させた。

最後の事例で確認されるような法的発語媒介効果を、民事訴訟法学では、既判力のような直接効と区別して、間接波及効（または単に間接効ないし波及効）と呼ぶ。この発語媒介効果＝間接波及効は、その効果に対してリフレクションが働かされた名古屋新幹線公害訴訟で重要な役割を演じることになる。

ところが、日常言語分析レベルに定位するオースティン理論は、単線的言語行為を基軸に自らの理論を構築しているため、法的発語媒介効果＝間接波及効の「評価の評価」を主題化することができない。しかし、複線的言語行為である法的言語行為では、法解釈レベルで特定の法的発語媒介効果＝間接波及効をどのように評価するかによって、すなわち「特定の法的発語媒介効果＝間接波及効を重視して判決をすることは許されない」というような「約定的＝コンベンショナル」なルールを裁判制度に組み入れるか否かによって、裁判官の遂行すべき法的発語行為が（自己言及的に）決定されるのである。それゆえ、発語内行為の「適切さ」の条件が「慣習的＝コンベンショナル」な制約とされる日常言語分析レベルの検討が終了した地点から、法的発語内行為の「適切さ」の条件が「約定的＝コンベンショナル」なものとなる法解釈学レベルの分析が開始されるのである。したがって、法解釈学レベルのリフレクションを主題化する法的言語行為論は、今田理論およびオースティン理論の両者を超えてゆかなければならない。[5]

ところで、オースティンは、「約束する」のような行為遂行的発言が「うまくいかない」様々な事例に着目し、いわゆる「不適切性の理論」の展開を試みた。そこでは、発語内行為が「円滑かつ適切に」機能するための「慣習的＝コンベンショナル」な幾つかの必要条件が列挙されている。それらの条件は左記のものである。[6]

〈A・1＝手続存在条件〉

或る一定の「慣習的＝コンベンショナル」な効果をもつ、一般に受け入れられた「慣習的＝コンベンショナル」な手続が存在しなければならない。そして、その手続は或る一定の状況のもとにおける、或る一定の人々による、或る一定の言葉の発言を含んでいなければならない。

〈A・2＝適当状況条件〉

発動された特定の手続に関して、或る与えられた場合における人物および状況が、その発動に対して適当でなければならない。

〈B・1＝正常実行条件〉

その手続は、すべての参与者によって正しく実行されなくてはならない。

〈B・2＝完全実行条件〉

完全に実行されなければならない。

〈Γ・1＝態度随伴条件〉

その手続が、しばしば見受けられるように、或る一定の考え、あるいは或る一定の感情をもつ人物によって使用されるように構成されている場合、あるいは、参与者のいずれかに対して一連の行為を惹き起こすように構成されている場合には、その手続に参与し、その手続をそのように発動する人物は、事実、これらの考え、あるいは感情をもっていなければならない。また、それらの参与者は、自らそのように行動することを意図していなければならない。

〈Γ・2＝履行条件〉

これらの参与者は、その後も引き続き、実際にそのように行動しなければならない。

もちろん、これらの諸条件は、日常言語分析レベルのものであるが、それらが法的言語行為と無関係というわけではない。例えば、〈Γ・1＝態度随伴条件〉と〈Γ・2＝履行条件〉は、いわゆる心裡留保や虚偽表示の分析に大変に有益である。しかし、大阪空港公害訴訟や名古屋新幹線公害訴訟のような現代型訴訟の判決が「裁判制度の《内部》から裁判官が設計する法」としての性格を帯びざるをえない以上、特に〈A・1＝手続存在条件〉の前半部分は次のように書き換えなければならない。すなわち、

〈A・1＝（修正された）手続存在条件〉

或る一定の「約定的＝コンベンショナル」な効果をもつ、「約定的＝コンベンショナル」な手続が、自己関係的な法的言語行為により、裁判制度に組み込まれ（てい）なければならない。……と。

このように、法的言語行為では、手続存在条件にいう「手続」が「約定的＝コンベンショナル」なものとなるからこそ、裁判官（S）が手続法に関わる教義学的思考に基づくリフレクションを働かせて、手続創出的（ないし手続内容変更的）という意味で自己関係的な法的言語行為を遂行することにより既存の裁判制度の手続的側面にまで介入し、裁判制度を自己組織化していくことができる。「手続」が「約定的＝コンベンショナル」なものであるから

こそ、例えば「裁判官は、間接波及効の存在および程度を考慮して、審理・判断すべきではない」というような制約を、自己関係的な法的言語行為の遂行により、手続法＝訴訟法のルールとして裁判制度の内部に創出することもできれば、創出しないこともできるのである。

4 法的言語行為とリフレクション

法解釈学レベルのリフレクションについて、以下では、大阪空港公害訴訟大阪高裁判決と名古屋新幹線公害訴訟名古屋地裁判決を比較検討しながら、考察を進めていくことにする。大阪高裁判決について淡路剛久の言う「（原告勝訴判決の）大きな影響」とは、法的発語媒介行為＝間接波及効に他ならないから、その判決は法的言語行為論の観点から次のように分析される。

▼大阪空港公害訴訟大阪高裁判決（一九七五年一一月二七日、判時七九七号、三六頁）

•法的発語行為……〈ＬＬＡ〉

大阪高裁裁判官（Ｓ）は、原告（A_1）に、「原告の差止請求（と過去および将来の損害賠償請求）を認容する（Ｍ）」と言った。

大阪高裁裁判官（Ｓ）は、被告（A_2）に、「原告の差止請求（と過去および将来の損害賠償請求）を認容する（Ｍ）」と言った。

•法的発語内行為……〈ＬＩＡ〉　In saying M,

大阪高裁裁判官（S）は、原告（A_1）に、（全面勝訴）判決を下した。

大阪高裁裁判官（S）は、被告（A_2）に、（全面敗訴）判決を下した。

●法的発語媒介行為……〈LPA〉　By saying M,

大阪高裁裁判官（S）は、原告（A_1）を、喜ばせた。

大阪高裁裁判官（S）は、被告（A_2）を、落胆させた。

大阪高裁裁判官（S）は、航空機の騒音被害に苦しむ各地の住民（A_3・A_4・A_5）を、勇気づけた。

大阪高裁裁判官（S）は、福岡空港の周辺住民（A_3）を、（福岡空港の夜間使用差止請求訴訟を提起するように）決心させた。

大阪高裁裁判官（S）は、横田基地の周辺住民（A_4）を、（横田基地の夜間使用差止請求訴訟を提起するように）決心させた。

大阪高裁裁判官（S）は、厚木基地の周辺住民（A_5）を、（厚木基地の夜間使用差止請求訴訟を提起するように）決心させた。


この大阪高裁判決の一つの特徴は、裁判官（S）が、淡路の言う「（訴訟提起促進という）大きな影響」＝法的発語媒介効果＝間接波及効についての考慮を、リフレクションによって判決に反映させなかったことである。それと対照的な位置にあるのが、手続創出的（ないし手続内容変更的）という意味で自己関係的な法的言語行為を遂行しうる立場にある裁判官（S）が、「（全線波及という）大きな影響」＝法的発語媒介効果＝間接波及効についての考慮を、リフレクションによって判決に反映させた名古屋新幹線公害訴訟名古屋地裁判決である。この名古屋地裁判決には、今田高俊の指摘した「社会問題」「価値観の変化」「行為の意図せざる結果」というリフレクションの始発メカニズムとなる三要因が次のようにすべて存在している。

社会問題……東海道新幹線による騒音・振動公害の発生。

価値観の変化……公害の深刻化による環境の保全への関心の高まり。

行為の意図せざる結果……他の多くの地区でも減速を余儀なくさせて、新幹線全体をスピードダウンさせるという事態が惹起（することにより、本来国全体の交通政策に基づいて政治問題として決定されるべき領域に司法権が踏み込むことになる）。

リフレクションが判決に反映されなかった大阪空港公害訴訟大阪高裁判決と異なり、この名古屋地裁判決では、「（発語主体である裁判官が頭の中で遂行すべきでないと考えた）仮定の（hypothetical）法的発語行為」（LLA＝H）と「（発語主体である裁判官が実際に遂行した）現実の（real）法的発語行為」（LLA＝R）の二つが観念されることになる。

▼名古屋新幹線公害訴訟名古屋地裁判決（一九八〇年九月一一日、判時九七六号、四〇頁）

●仮定の法的発語行為……〈LLA＝H〉

名古屋地裁裁判官（S＝H）は、原告（A_1＝H）に、「原告の差止請求を認容する（M＝H）」と言った。

名古屋地裁裁判官（S＝H）は、被告（A_2＝H）に、「原告の差止請求を認容する（M＝H）」と言った。

●仮定の法的発語内行為……〈LIA＝H〉　In saying M＝H,

名古屋地裁裁判官（S＝H）は、原告（A_1＝H）に、（勝訴）判決を下した。

名古屋地裁裁判官（S＝H）は、被告（A_2＝H）に、（敗訴）判決を下した。

●仮定の法的発語媒介行為……〈LPA＝H〉　By saying M＝H,
名古屋地裁裁判官（S＝H）は、原告（A_1＝H）を、喜ばせた。

名古屋地裁裁判官（S＝H）は、被告（A_2＝H）を、落胆させた。

名古屋地裁裁判官（S＝H）は、新幹線の騒音・振動公害に苦しむ各地の住民（A_3＝H・A_4＝H・A_5＝H）を、勇気づけた。

名古屋地裁裁判官（S＝H）は、横浜市内の住民（A_3＝H）を、（新幹線の騒音・振動の差止請求訴訟を提起するように）決心させた。

名古屋地裁裁判官（S＝H）は、静岡市内の住民（A_4＝H）を、（新幹線の騒音・振動の差止請求訴訟を提起するように）決心させた。

名古屋地裁裁判官（S＝H）は、京都市内の住民（A_5＝H）を、（新幹線の騒音・振動の差止請求訴訟を提起するように）決心させた。

名古屋地裁裁判官（S＝H）は、（横浜・静岡・京都など他の多くの地区でも減速を余儀なくさせて、結局）新幹線全体をスピードダウンさせることにより、結果として司法権を逸脱させた。

●現実の法的発語行為……〈LLA＝R〉
名古屋地裁裁判官（S＝R）は、原告（A_1＝R）に、「原告の差止請求を棄却する（M＝R）」と言った。

名古屋地裁裁判官（S＝R）は、被告（A_2＝R）に、「原告の差止請求を棄却する（M＝R）」と言った。

●現実の法的発語内行為……〈LIA＝R〉　In saying M＝R,

名古屋地裁裁判官（S＝R）は、原告（A_1＝R）に、（敗訴）判決を下した。

名古屋地裁裁判官（S＝R）は、被告（A_2＝R）に、（勝訴）判決を下した。

●現実の法的発語媒介行為……〈LPA＝R〉　By saying M＝R,

名古屋地裁裁判官（S＝R）は、原告（A_1＝R）を、落胆させた。

名古屋地裁裁判官（S＝R）は、被告（A_2＝R）を、喜ばせた。

名古屋地裁裁判官（S＝R）は、新幹線の騒音・振動公害に苦しむ各地の住民（A_3＝R・A_4＝R・A_5＝R）を、失望させた。

名古屋地裁裁判官（S＝R）は、横浜市内の住民（A_3＝R）を、（新幹線の騒音・振動の差止請求訴訟を提起することを）断念させた。

名古屋地裁裁判官（S＝R）は、静岡市内の住民（A_4＝R）を、（新幹線の騒音・振動の差止請求訴訟を提起することを）断念させた。

名古屋地裁裁判官（S＝R）は、京都市内の住民（A_5＝R）を、（新幹線の騒音・振動の差止請求訴訟を提起することを）断念させた。

名古屋地裁裁判官（S＝R）は、（横浜・静岡・京都など他の多くの地区で減速を余儀なくさせて、結局、新幹線全体をスピードダウンさせることにより、結果として司法権を逸脱させることを）回避させた。

5　現代型訴訟とリフレクション

法解釈学レベルのリフレクションの観点から大阪空港公害訴訟や名古屋新幹線公害訴訟の分析を試みる場合、見逃してはならないのは、それらが新堂幸司の言う典型的な「現代型訴訟」であることである。まず、現代型訴訟の当事者の特徴について言えば、その原告は、「(公共事業の主体たる国や地方公共団体あるいは消費物質を大量に生産する大企業の）事業活動から同種の侵害を受けたり、受けるおそれのある住民の集団（或いはその代表者)」であり、その被告は、「(事業主体である）国・地方公共団体や大企業（そして企業を監督する立場にある）国・地方公共団体」である。したがって、原告側の集団性に加えて、被告側も複数になることが多い。

次に、現代型訴訟の請求面の特徴について言えば、「(公害に対して裁判を利用しようとするものが損害賠償よりもむしろ差止めを求めていることからも明らかなように）過去に起きた損害の賠償を求める型から、現に受けている、または受けるおそれがある侵害を将来受けないように、その侵害の防止を求めるもの」に移りつつある。また、差止めの対象とされる侵害は、その性質・態様が「可視的で特定可能な明確で重度のもの」から、「微視的で認識困難な、不特定多数に生じる微量な、あるいは精神的なもの」――家庭でのくつろぎの喪失・睡眠妨害・継続的な不快感・苛立ち・腹立たしさ等々――へと拡散していく傾向が見られる。

最後に、現代型訴訟の提起する訴訟上の問題点として、「(公共事業の主体である国・地方公共団体や大企業とその事業活動によって生活環境を侵される住民との間で固定化しつつある構造的な武器不平等の状況から帰結される）当事者の互換性の喪失」、「(争点が当事者間の事情に限定されず、被告側の公共事業の『公共性』と原告らの受けている侵害との比較というような、社会一般の人々にとっての関心事や政治的論争に適したテーマとなる）争点の社会化現象」、「（裁判官自身が紛争解決規準をその責任において設定するという色合いが濃くなり、当事者は訴訟のはじめの段階でいかなる救済が権利として得られるのか予測困難になるという）法適用作業の裁量化現象」、「（人間としての生活破壊といった重大な利益侵害が長期間固定化される）裁判の長期化現象」等を挙げることができる。(7)

ところで、デカルト哲学に見られる設計主義的合理主義を「理性の思い上がり」として断固斥け、無知の認識・知性の限界に真正面から向かい合う進化論的合理主義に与するF・A・ハイエクは、「秩序」を、「設定された秩序＝タクシス」である「組織」と「成長した秩序＝コスモス」である「自生的秩序」に区別する。すなわち、組織が、「特定の目的の追求のため自覚的に目的―手段の階層構造の中に計画的に各人を配置し、特定の人間の意思にしたがって決定・命令・服従の関係で運営されるとともに、この全体の活動と各個人の利益の関連が計画主体に一応理解されているような集合体であって、原理上その各要素の動きが任意の精度で中央に把握・操作可能であるという意味で一つの単純現象である」のに対して、自生的秩序は、「その要素たる個々の人間が様々な目的と認識を持ちながら自由に活動しており、それを具体的にすべて把握することは誰にも不可能であるが、それにもかかわらず、これら各個人が自分の価値観の中に一定の一般的な行動のルールを受け入れており、犯してはならない相互の権利につき大体共通の意見を持っていて、自分の目的を追求する際にこのルールを破らない範囲で活動するところから、個々の要素の変動にもかかわらず全体としてある種の整合的なパタンを産み出しているような一つの複雑現象であって、それ自体の目的を云々することはできない」ものである。(8)

自生的秩序における行為は、今田高俊の言う「制度や価値の伝統への帰属が優位した行為」＝「伝統―帰属図式にもとづく行為」と位置づけられる慣習的行為に対応し、他方、組織における行為は、「（制度や価値の伝統に非反省的に従った行為ではなく）規則を使った行為」＝「目的―手段図式にもとづく行為」と位置づけられる合理的行為に対応すると考えられる。かくして、ハイエクは、「主体による設計や合理的な制御が原則として可能な単純現象」である組織と「主体による設計や合理的な制御が全体としては不可能な複雑現象」である自生的秩序を各々理念型的に構成し、それと関連づけて、「（立法権力によって制定された）組織のルール」＝「立法の法」と「（司法過程から生成する正しい行為についての）自生的秩序のルール」＝「自由の法」を対置する。

しかし、組織のルールと自生的秩序のルールの二分法では、前記のような特徴をもつ現代型訴訟に直面した裁判官がリフレクションを働かせて、「（司法権を逸脱することを）回避させた」名古屋新幹線公害訴訟名古屋地裁判決のような「法」＝「ルール」を正確に把握することはできない。実現することが好ましくない（と裁判官自身が考えた）発語媒介効果＝間接波及効の惹起を回避させた名古屋地裁裁判官の行為こそ、今田の言う「意味―自省図式が優位する行為」と位置づけられる自省的行為に対応するものである。そして、アメリカ[9]のリアリズム法学の論客Ｊ・フランクが強調するように、裁判官の下す「判決」こそが「法」＝「ルール」であるならば、名古屋地裁裁判官の下した「判決」はまさに「自己組織性のルール」として理解されなければならない。

それゆえ、裁判官（Ｓ）が手続法に関わる教義学的思考に基づくリフレクションを働かせて、手続創出的（ないし手続内容変更的）という意味で自己関係的な法的言語行為を遂行することにより既存の裁判制度の手続的側面にまで介入し、その裁判制度を自己組織化していくことの重要性を考えるならば、法秩序の設計主体を、裁判制度の《外部》から設計する主体である立法者と裁判制度の《内部》から設計する主体である裁判官に区別する必要が生じる。このとき、「組織のルール」＝「立法の法」と「自生的秩序のルール」＝「自由の法」というハイエクの二分法は、「組織のルール」＝「立法の法」＝「裁判制度の《外部》から立法者が設計する法」「自己組織性のルール」＝「裁判制度の《内部》から裁判官が設計する法」「自生的秩序のルール」＝「自由の法」＝「裁判制度の《内部》における裁判官の行為による法」という三分法へ移行する。(10)

裁判官が「(訴訟提起促進という)大きな影響」＝法的発語媒介効果＝間接波及効についてのリフレクションを差止認容判決に反映させなかった大阪空港公害訴訟大阪高裁判決は「裁判制度の《内部》における裁判官の行為による法」と考えられるが、他方、裁判官が「(全線波及という)大きな影響」＝法的発語媒介効果＝間接波及効についてのリフレクションを差止棄却判決に反映させた名古屋新幹線公害訴訟名古屋地裁判決は典型的な「裁判制度の《内部》から裁判官が設計する法」と理解することができよう。

しかし、裁判官が「裁判制度の《内部》から設計する行為」＝「自省的行為」は常に正しいものなのであろうか。実際、多くの環境法の研究者は、自省的行為が遂行された名古屋地裁判決よりも、自省的行為が遂行されなかった大阪高裁判決をヨリ高く評価しているのである。もちろん、一般的に言って、現代型訴訟は「(裁判官自身が紛争解決規準をその責任において設定するという色合いが濃くなり、当時者は訴訟のはじめの段階でいかなる救済が権利として得られるのか予測困難になるという)法適用作業の裁量化現象」を一つの特徴とするから、それはまさに「裁判制度の《内部》から裁判官が設計する法」を要請していると考えられる。しかし、それは、あらゆる公害訴訟に関して無条件に妥当するのであろうか。裁判官が、裁判制度の《内部》から法を設計することは、「唯一の立法機関である」国会の権限を簒奪することにならないのであろうか。

名古屋新幹線公害訴訟名古屋地裁判決について、仮に〈LLA＝H〉という法的発語行為が遂行されたならば「司法権の逸脱」となるような「大きな影響」＝間接波及効すなわち〈LPA＝H〉(11)という法的発語媒介効果が確実に惹起するであろうことを前提に、松浦馨は「判決の態度に原則的に賛成」するのに対し、「(間接波及効が)名古屋以外のどの地点まで影響していくか、さらには新幹線全体の事業の運営にどのような影響を及ぼしていくか」等は「判決以後の裁判外の紛争解決過程における紛争当事者や第三者の事実上の活動如何にかかっている」と指摘する新堂幸司は、〈ＬＰＡ＝Ｈ〉という法的発語媒介効果が現実に惹起するか否かが不確定であることを強調し、当該判決は「立法・行政の前に司法がいかにも分別くさい自制をしたものと映る」と断言する。[12] 松浦と新堂の見解の対立は、一見、〈ＬＬＡ＝Ｈ〉という法的発語行為を遂行したならば〈ＬＰＡ＝Ｈ〉という特定の間接波及効＝法的発語媒介行為が確実に生じるか否かに関する単純な事実認識の相違のみに起因するかのような印象を与えがちであるが、その背後には「公害訴訟に関わる民事訴訟法学にとって『学』に固有の対象とは何か」および「公害紛争の解決のために司法はいかなる役割を果たすべきか」等という根源的・本質的な難問が潜んでいる。

例えば、小島武司『民事訴訟の基礎法理』は、「顕在化した民事紛争のみならず、潜在的な状態にある民事紛争をも視野に収めて、社会全体を一つの正義のシステムにまとめ上げるには、強行的紛争解決方式たる裁判と自主的紛争解決方式たる仲裁、調停などとの有機的な連携が不可欠」であり、「裁判の潜在力を最大限に活用するには、裁判機能の二つの側面を分析し、この分析の上に立って裁判効の理論を再構成する」必要があると言う。小島によれば、裁判効は、制度的効力である既判力等の直接効と、事実的効力である波及効という間接効に区分されうる。そして、大阪空港公害訴訟や名古屋新幹線公害訴訟のような現代型訴訟が、法律家のみならず広く国民各層の関心を集め、従来の裁判の紛争解決機能に対する政策形成機能のもつ独自の意義が指摘されつつある現在、「事実の世界に放置されていた『波及効』」は、それが淡路剛久の言う「大きな影響」を与えうるものである以上、「これを看過すること」は許されなくなったのである。したがって、現代的訴訟や間接波及効の問題は、「個々の条文の文言解釈から解決が導かれるたぐいの問題ではなく、手続法の根底に横たわる思想、原則、発想、哲学などの再吟味を待ってはじめて新たな帰結へと想達することができる」ものなのである。[13] 豊前環境権裁判に即して後に詳論するように、伊藤真が公害訴訟のような典型的な現代型訴訟に関する当事者適格論において、紛争管理権という新しい概念を提唱するのも、小島と同様の問題関心からであると言えよう。

6　間接波及効と自己組織性

小島武司や伊藤真と異なり、「(公共訴訟とも呼ばれる）現代型訴訟の解決のために司法はいかなる姿であるべきか」という観点から、間接波及効＝法的発語媒介効果についてのリフレクションの判決への反映を否定的に捉えるのは、奈良次郎である。[14] 奈良は、「最近の民事訴訟の機能の拡大、変貌の中心をなす『公共訴訟』の概念、またはその類型の存在と、その判決の間接効……と、これに伴う訴訟理論の特殊性を主張する」小島や伊藤の見解を、一応「民訴理論の解釈論」と捉えたうえで、次のような批判的な意見を表明する。

すなわち、「公共訴訟において予想される判決の効力」である間接波及効は、「判決それ自体に内在しまたは必然的に存在すべきもの」ではなく、「判決を一基準とし、または一つの誘因」として、「第三者によって振幅・拡大され」て、普及・浸透し、「法政策への反映をもたらすもの」である。その意味で、間接波及効は第三者の「力」が強ければ強いほど大きく影響するが、「同時に、判決に本来存すべき効力から遠く離れ、かえって判決としての影響力を失うという、やや背反的な性格をもつ」ことになる。だが、それは、「法政策形成作用という以上、当然なこと」である。「法政策形成作用という以上、その反映されるべき理論は、単に合理的なものだけでは足りず、当然、為政者の合目的見地からの新たな決断を求めるからである。そこには、その政策を求める大衆の政治的要求に対する判断がある」からである。

奈良は、「裁判の事実的効力としての『波及効』は、当事者、訴訟追行の実質、争点の性格、裁判所の位置、担当の裁判官、判決理由の質、多数意見の割合、社会の状況などによって無限の差を示す」という小島の指摘に着目し、右記の各要因についての「総合的な判定者が誰かは必ずしも明らかにされていないから、法政策形成作用を重視し、第三者の間接効の振幅・拡大への運動の価値を重視するときには、むしろ評価を下す者は、右にいう第三者であるということができよう」と述べる。そして、それとの関連で、「本来、判決には法政策形成作用が存在しないはず」であるから、「もしこれに法政策形成作用を付与しようとするのならば、第三者がこれに付与すべきことを希望するだけであって、少なくとも、裁判所が、これを意識して判断すべき性質のものではない」と言う。さらに奈良は、「裁判における法政策形成作用の重視は、従来、民事裁判において考えられている『紛争』の概念」に「根本的変革を求める」と指摘し、「公共訴訟における『紛争』概念の変革は、裁判所の本来の役割を変革するおそれがあるように思える」ので、是認されるべきではない、と主張する。

当事者間の紛争解決が裁判所の使命である以上、裁判所に求められた明示的な紛争を関係当事者間で適切かつ妥当な解決を図れば足りるはずであり、それがまた民事訴訟の本来の責務であり、裁判所にとってもっとも適した機能であり役割であるし、また、そうあるべきなのである。

大略、以上のような検討を行なったうえで、奈良は次のような注目すべき結論を提示するが、それは、〈ＬＰＡ＝Ｈ〉のような間接波及効＝法的発語媒介効果についてのリフレクションを裁判官が判決に反映させることを前提にする「自己組織性のルール」＝「裁判制度の《内部》から裁判官が設計する法」のもつ意義をいかに評価するかという観点からも、重要な意味を有するものである。

判決に間接効があるとしても、それは判決に内在する効力ではなく、とくに法政策形成作用については、当該判決の存在にとって第三者がこれに基づいて運動・要求することによってもたらされる事実上の効力にすぎないともいえるから、裁判所としては、とくに間接効の存在など考慮することもなく、通常の民事訴訟と同じく、審理・判断すればよい。……もちろん、多数の者が当時者として関与する限度において、集団訴訟としての審理について考慮を払わざるをえないということに実務の苦労があることは当然である……が、それ以上に間接効の存在および程度などを考慮して判断する必要はないと考える。むしろ、そのような法政策形成作用を重視して審理・判断することは、本来の司法制度からはみ出るものであるとさえ考えられる。

この奈良の示した結論を、これまでの議論と関連づけて考察すると、大変に興味深いパラドックスが発生することが分かる。すなわち、名古屋地裁裁判官は「司法権の逸脱」となる〈LPA＝H〉という法的発語媒介効果＝間接波及効が仮に「原告の差止請求を認容する」という判決を下すならば生じるであろうと考え、「(『司法権の逸脱』をもたらす〈LPA＝H〉の惹起を) 回避させる」という〈LPA＝R〉なる法的発語媒介効果＝間接波及効を実現させるために、「原告の差止請求を棄却する」という判決を下したのであった。しかし、〈LPA＝H〉という法的発語媒介効果＝間接波及効の存在および (「司法権の逸脱」になるという) 程度を考慮して判断したゆえに、奈良の見解からすれば、名古屋地裁裁判官がリフレクションを判決に反映させた行為は「本来の司法制度からはみ出た」ものとなり、「司法権の逸脱」をその裁判官自身が犯すことになる。

他方、奈良の見解からすれば、「(福岡空港・横田基地・厚木基地の夜間使用差止請求訴訟を提起するように) 決意させた」という「大きな影響」＝法的発語媒介効果＝間接波及効を惹起したにもかかわらず、否、惹起したからこそ、通常の民事裁判と同じように審理・判断して大阪空港公害訴訟大阪高裁判決を下した裁判官こそが、「本来の司法制度」をまもったとも考えられるのである。「司法権の逸脱」をもたらすであろう法的発語媒介効果＝間接波及効に関するリフレクションを判決に反映させた名古屋地裁裁判官が「司法権の逸脱」を犯し、「司法権の逸脱」をもたらしかねない法的発語媒介効果＝間接波及効に関するリフレクションを判決に反映させなかった大阪高裁裁判官が「司法権の逸脱」を犯さなかった――これは実に注目すべきパラドックスである。このパラドックスは、まさに「手続法の根底に横たわる思想、原則、発想、哲学などの再吟味」を必要としている。

「(間接波及効による法政策形成作用を重視して審理・判断することは、本来の司法制度からはみ出すものであるから) 裁判官は、間接波及効の存在および程度などを考慮して、審理・判断すべきでない」という結論を仮に「間接波及効と判決との分離テーゼ」と呼ぶならば、この「分離テーゼ」は独特の「あいまいさ」を帯有している。すなわち、「間接波及効を考慮する」と言う場合、その「考慮する」ことに、「ポジティヴに評価すべきものとして考慮する」ことと「ネガティヴに評価すべきものとして考慮する」ことの両者が論理的に含意されてしまうところに、このパラドックスを発生させる原因が潜んでいる。小島や伊藤が「ポジティヴに評価されるべきものとして考慮する」見解を示し、名古屋地裁判決や松浦が「ネガティヴに評価すべきものとして考慮する」立場に与するのに対し、奈良の示した「分離テーゼ」は、小島と伊藤の見解のみを批判しているのか、それとも小島と伊藤の見解のみならず名古屋地裁判決や松浦の立場をも同時に斥けているのか、まったく明らかではないと言わなければならない。

その「あいまいさ」は、井上治典の名古屋新幹線公害訴訟に関する次のような指摘には見出すことはできない。すなわち、いわく、「個別訴訟の守備範囲はほんらいもっとささやかなものであるはずではないだろうか。そして、もし、訴訟の効果が当初予定されている以上に事実上拡大し肥大化していく懸念があるとすれば、むしろ理論としては、そのような波及効果・拡大効果が生じることを意識的にコントロールすることを考えるのが本筋であるようにも思われる。(その意味では、事実効・波及効を積極的に理論の上で追認していくのではなく、むしろ一定の範囲でその制限の方向とその方法を考える必要があろう)[15]」と。井上は、「(小島や伊藤の)間接波及効をポジティヴに評価すべきものとして考慮する」見解を明確に拒絶し、「(名古屋地裁判決や松浦と同様に)間接波及効を意識的コントロールの対象としてネガティヴに評価すべきものとして考慮する」立場に与している。井上の言う「意識的コントロール」はまさに「設計」と見なすことが可能であるから、その主張は、(訴訟提起促進や全線波及のような)法的発語媒介効果=間接波及効を拡大させないようにするためのリフレクションを判決に反映させた「裁判制度の《内部》から裁判官が設計する法」のみが認められることになろう。

法解釈学レベルにおいて、オースティンの示した〈A・1=手続存在条件〉は、次のように修正しなければならなかった。すなわち、

〈A・1=(修正された)手続存在条件〉

或る一定の「約定的=コンベンショナル」な効果をもつ、「約定的=コンベンショナル」な手続が、自己関係的な法的言語行為により、裁判制度に組み込まれ(てい)なければならない。……と。

複線的言語行為の典型である法的言語行為では、(修正された)手続存在条件にいう「手続」が「約定的=コンベンショナル」なものとなるからこそ、裁判官(S)が手続法に関わる教義学的思考に基づくリフレクションを働かせて、手続創出的(ないし手続内容変更的)という意味で自己関係的な法的言語行為を遂行することにより、「裁判官は、間接波及効の存在および程度を考慮して、審理・判断すべきでない」という法的発語内行為の適切性に関する「手続」を、手続法のルールとして裁判制度の中に創出することもできれば、創出しないこともできる。〈A・

1＝（修正された）手続存在条件〉は、「裁判制度に組み込まれ（てい）なければならない」というものであるから、まさにその「手続」は、裁判官（S）の遂行する自己関係的な法的言語行為によって、例えば「組み込まれる」ゆえに裁判制度に「組み込まれている」のである。ここで注目すべきは、この〈A・1＝（修正された）手続存在条件〉が、今まさに「組み込まれなければならない」＝「現在進行形」および既に「組み込まれていなければならない」＝「完了形」という二重時制を示していることである。このような二重時制をとるのは、J・デリダの言語哲学と郡司ペギオ幸夫の内部観測理論である。松岡伸樹は、両理論が「現在進行形」と「完了形」という二重時制をもつことに注目し、「法廷弁論の過程」と「判決言渡しの過程」から成る〈法廷〉に複数の内部観測者が存在していることを明らかにした。

大阪空港公害訴訟や名古屋新幹線公害訴訟および後述する豊前環境権裁判のような現代型訴訟は、「現在進行形」および「完了形」という二重時制が関わることを前提に、複数の内部観測者の視点から分析しなければならないのである。[16] 川本輝夫の弁護人も言ったように、まさに公害法（環境法）原理は生成過程にある。

（1）　以下、大阪空港公害訴訟および名古屋新幹線公害訴訟をめぐる事態の推移について、沢井裕『大阪空港裁判の展開・上』（ミネルヴァ書房、一九七四年）、長谷川公一ほか『新幹線公害』（有斐閣、一九八五年）、淡路剛久『公害賠償の理論（増補版）』（有斐閣、一九七八年）、神岡浪子『日本の公害史』（世界書院、一九八七年）等参照。

（2）　淡路剛久「大阪国際空港公害訴訟」『ジュリスト』九〇〇号所収参照。

（3）　以下の自省的機能主義を唱える今田高俊の議論はすべて、今田高俊『自己組織性』（創文社、一九八六年）による。

（4）　吉田民人『情報と自己組織性の理論』（東京大学出版会、一九九〇年）。

（5）　小畑清剛『言語行為としての判決』（昭和堂、一九九一年）。

（6）　J・L・オースティン『言語と行為』坂本百大訳（大修館書店、一九七八年）。

(7) 新堂幸司『民事訴訟制度の役割』(有斐閣、一九九三年)三〇九頁以下。

(8) F・A・ハイエク『法と立法と自由Ⅰ』矢島鈞次ほか訳(春秋社、一九八七年)、嶋津格『自生的秩序』(木鐸社、一九八五年)一〇九頁。

(9) J・フランク『法と現代精神』棚瀬孝雄ほか訳(弘文堂、一九七四年)。

(10) 小畑清剛『法の道徳性』(勁草書房、二〇〇二年)。

(11) 松浦馨「民事訴訟による新幹線公害紛争解決とその限界」『法律時報』五二巻一一号所収参照。

(12) 新堂・注(7)一六二頁以下。

(13) 小島武司『民事訴訟の基礎法理』(有斐閣、一九八八年)一一七頁。

(14) 以下の奈良次郎の議論はすべて、奈良次郎「判決効をめぐる最近の理論と実務」三ヶ月章ほか監『新・実務民事訴訟法講座2』(日本評論社、一九八一年)二九六頁以下による。

(15) 井上治典『多数当事者訴訟の法理』(弘文堂、一九八一年)三五五頁。

(16) 松岡伸樹『法的内部観測理論の試み』(ナカニシヤ出版、二〇〇六年)参照。

第四章　豊前環境権裁判——紛争管理権と新しい人権の生成

1　松下竜一の紛争解決行動

豊前とは周防灘に面した福岡県東部と大分県北部を合わせた地域が、かつてそう呼ばれていた旧国名である。その豊前の名を冠した、いわゆる「豊前環境権裁判」は、一九七二年、大分県中津市在住の作家の松下竜一が、「私は瀬戸内海汚染総合調査団の一員ですが、瀬戸内海の西端に位置する周防灘のことが、気がかりでなりません……」という広島大学の研究者の手紙を受け取った時から、その前史が開始された。[1]その手紙により、松下は周防灘総合開発計画への不安を高まらせた結果、その計画についての研究会を立ち上げる。そして、星野芳郎、宮本憲一、宇井純らの著書を参考に、『海を殺すな』という小冊子を作成するが、それはその計画の企業サイドの利点のみを列挙するパンフレット『周防灘総合開発計画の現状』（大分県発行）へのアンチテーゼと言うべきものとなった。「中津の自然を守る会」を発足させた松下は、地区労・社会党・公明党・共産党・婦人会に働きかけて、この六者共闘で周防灘開発問題についての研究集会をつづける一方、その問題の中央に位置する豊前火力発電所建設阻止に目標を絞っていく。地区労による「豊前火力誘致反対会議」と豊前市の市民組織「公害を考える千人実行委員会」に松下らの「自然を守る会」が加わり、一九七二年夏に反対運動は一挙に広がっていった。もちろん、九州電力は、「豊前火力発電所は無公害発電所である」と宣伝して、反対運動に対抗した。松下らは、中津市議会に「豊前火力建設反対決議」の請願を目指したが、発電所建設による周防灘開発の経済効果に熱い期待をもつ多くの議員を動かすことができず、挫折する。その際、松下らと婦人会などの間で、反対運動のすすめ方をめぐって緊張関係が高まっていく。

松下らは九州電力の「無公害発電所」宣伝を打ち破るために、「科学」の土俵で直接論争することを余儀なくされる。火力発電所が出す亜硫酸ガスや窒素酸化物の排出量や濃度の問題および冷却水として使われる海水が温排水となる問題などで九州電力側の技術者を鋭く追求していくが、議論は噛み合わず平行線をたどる。同時に松下は、同志たちと「公害学習教室」を開きながら、漁協への働きかけを開始する。豊前海漁民の多くは、公害で既に汚染されていた豊前海に絶望していたため、豊前海漁協組合長会（一八組合）は、早々に豊前海六八万三〇〇〇平方メートルの共同漁業権放棄を決め、九州電力と漁業権喪失の補償について協定書を作成していた。いったん決定した協定書に改めて反対を表明した漁協も現われたが、松下らの期待に反して、その立場は不安定なものであった。このような中、松下らの運動方針は「過激」であると非難を受け、六者共闘の中でますます孤立していく。

このような逆風の下、豊前火力建設反対決議をしていた唯一の関係自治会である椎田町議会が態度を一転させて、「発電所は公共事業であり、建設を認める」と議決したことを契機に、福岡県と豊前市はついに「豊前火力建設に伴う環境保全協定」を九州電力との間に調印するところまでこぎつける。しかし、その協定が結ばれる直前、三木武夫環境庁長官（当時）が瀬戸内海環境保全知事市長会議のメンバーと話し合いを行なった結果、「周防灘総合開発計画」は棚上げとなる。しかし、この計画の断念は、豊前火力発電所の建設断念を意味するものでなかった。事態は硬直化しつつあったが、松下は、北海道伊達市の市民が伊達火電建設差止請求訴訟を提起したことに注目し、環境権訴訟を手段としてでも豊前火力発電所建設に抵抗することの覚悟を固めていく。

松下らが環境権訴訟を言い出した時、地区労・革新政党・婦人会などはすべて否定的な意見を表明した。弁護士からも、次のように諫止された。いわく、「〔裁判とは判例を駆使しての争いだが、松下らの環境権訴訟で〕敗けの判例をとられますと、今後各地の運動に支障をきたすことになります。……私があなたに環境権訴訟を諦めてほしいとお願いするのは、今の豊前・中津の低調な市民運動では、まずもってこの困難な裁判に勝ち目はなく、あなたたちがつくる敗けの判例は全国の住民運動に、はかりしれぬ損失を残してしまうのです」。

三月三〇日、中津市と九州電力は協定に調印する。なおも反対運動をつづけようとする松下は、「環境権訴訟をすすめる会」を六者共闘に加えることを提案するが、婦人会などの強い反対に直面し、結局、共闘から締め出されてしまう。一九七四年四月、松下ら「環境権訴訟をすすめる会」のメンバーは、「豊前の公害を考える千人実行委員会」の機関誌名を引き継ぎ、ミニコミ誌『草の根通信』の刊行を開始する。

「電力は保存がききません。緊急輸入もできません。……」という電気事業連合会の広告による恫喝と闘うため、松下は「暗闇の思想」を構築していく。同時に松下は、直江津・富山・内灘・七尾・三国・千葉・銚子・伊達へと「自省の旅」をつづけ、それぞれ反対運動の中心となって闘った、大学教員・神父・医師・高校教員などと意見を交換する。六月一七日、中津市で、淡路剛久・星野芳郎・仁藤一・前田俊彦を講師に迎え、西日本・九州では初めての「環境権シンポジウム」を成功裡に開催するが、その直後、九州電力が豊前火力発電所を電源開発調整審議会にはかるという情報を入手する。そこで、一八漁協のうち唯一反対決議を行なったままの椎田町漁協を訪問するが、九州電力の働きかけで既に、漁協役員が「賛成の方向での総会開催」の約束を取られてしまっているという事実を知らされる。

六月三〇日に急ぎ上京した松下は、「電力行政の流れ」や「電調審の仕組み」を教えられ、淡路らと情勢を検討する。七月に入り、衆議院公害対策特別委員会に属する社会党議員への働きかけ・「環境権訴訟をすすめる会」からの要望書の環境庁への送付・福岡県環境保全局長らとの交渉などが懸命につづけられる。そしてついに、電源開発官から「豊前火力見送り」の朗報が伝えられる。「しかし」と、松下は記す。

七月電調審を見送らせた有頂天の歓びも、わずかの間だった。椎田町漁協は、すでに九電との交渉テーブルに着いている。……いったん交渉のテーブルに着いた漁協は弱い。それはもう補償額の駆け引きでしかない。……私たちは唐突に決意した。――よし、環境権訴訟で立つのだ。まさに唐突な決意としかいいようがない。すでに早く「環境権訴訟をすすめる会」を結成しながら、実際に訴訟に踏み切るという決断は誰の胸中にもないまま五カ月を過ぎていた。具体的な準備は何ひとつ出来ていない。一番肝心な、支援弁護士すら探し出せないのだ。……「どげんかなあ、俺たちみんな原告に立つか」「ああ、みんなで立とうや」――たったそれだけの意志確認で、私たちは原告に立つことを決めてしまった。

驚くほど多数の報道陣に囲まれて、「公害学習教室」の同志たちが布を縫い手描きしてくれたタスキを胸にかけ、八月二一日午前九時半、松下竜一は、福岡地裁小倉支部の窓口に訴状を提出したのである。

第一審の福岡地裁小倉支部は、一九七九年八月三一日、「環境権なるものを法的根拠としてなす本件差止め等の請求は、環境権が現行の実定法上具体的権利として是認しえないものである以上、審判の対象としての資格を欠く不適法なものといわねばならない」と判示して、原告らの訴えを却下した。また、敗訴した原告らの控訴を受けた福岡高裁も、一九八一年三月三一日、ほぼ同様の理由を示して、原告らの訴えを却下した。二審も敗訴した原告らの上告を受けた最高裁第二小法廷は、一九八五年一二月二〇日、伊藤真が提唱する紛争管理権を批判的に検討したうえで、それに否定的な見解を述べ、「結局、上告人らは、本件差止請求訴訟につき当事者適格を欠くというに帰着し、原告らの本件訴えは、不適格として却下すべきものとするほかない」と判示して、当事者適格論の観点から原告敗訴の上告棄却判決を下したのである。

2　裁判による社会問題開示

豊前環境権裁判は、現代型訴訟の一種である「社会問題開示型訴訟」として理解される。(2) 長谷川公一は、社会運動論の観点から、それを次のように特徴づける。

① 原告団の母体として住民運動組織や市民運動組織が存在し、一定期間にわたる住民運動や市民運動としての活動と、それに基づくその運動の限界を前提に、集団訴訟が提起され、訴訟活動が行なわれる。

② 原告個人の個別的救済ではなく、原告を含む運動組織ないし顕在的・潜在的な被害者集団の集合的救済を求めるという観点から差止請求が重視されることになる。

③ 個々の公共事業の建設過程・運営過程が、利害関係主体としての周辺住民からの異議申し立て回路を閉ざしているため、紛争解決・社会運動の一つの戦略として提訴が選択され、訴訟活動が行なわれることになる。

④ 日本における制度的な問題解決回路としての行政・立法のアリーナの閉鎖性という現状を前提に、住民運動・市民運動を行なってきた原告側が期待するのは、問題提起・問題開示の場として〈法廷〉を利用することである。

紛争解決制度としての裁判の特質のひとつは、いうまでもなく、当事者対立主義、公共の場で当事者双方が対等の資格で弁論をたたかわせることが制度的に保障されていることにあるが、公害被害の存在、あるいは起こりうる被害の存在を主張し、加害者である事業主体・建設主体の有責性、設置物の瑕疵、救済の必要性と緊急性、これらを社会的に訴える場として、運動側は〈法廷〉を位置づける。そこではとくに実質的な情報公開の場として、また実質的な公聴会の場として〈法廷〉を機能させることが重視されている。

長谷川も、政策形成機能を重視する田中成明と同様、当事者主義的訴訟において判決言渡しの過程に法廷弁論の過程が先行することに着目し、L・L・フラーの言う対等な両当事者の〈法廷〉への「参加の保障」やP・カラマンドレイの言う〈法廷〉における両当事者への「民主主義の保障」という観点から、裁判の社会問題開示機能を強調するのである。豊前環境権裁判の社会問題開示型訴訟としての性格を確認するうえで注目されるのは、準備手続について訴訟開始直後に起こった、いささか滑稽なエピソードである。

すなわち、「将来の立証計画について最初の段階で手数をかけておくほうが順調にいくから、準備手続で整理してから、証拠調べにはいることにしたい」旨の裁判官の提案に、松下らは準備手続の意味も分からないまま「異議なし」と答えてしまい、いったん「準備手続に付す」ことが決定されてしまったのである。知人の弁護士から「裁判官が準備手続という言葉を使っていることの重大さ」を指摘され、急ぎ『基本法コンメンタール・民事訴訟法』を繙いて民事訴訟法第二四九条の解説を読んだ松下は、初めて準備手続の意味を知ることになる。

この短い条文の、しかし解説は長すぎて、正確には理解できかねるのであったが、それが「単独裁判官の関与する非公開の弁論の予行手続」であり、「争点および証拠の整理について、非公開の場所で当事者がひざをつきあわせて話しあう」ことなのだと読みとったとき、私たちは、いささか茫然とした。……〔これは〕裁判の効率化ではあっても、私たちがめざしている傍聴者（運動者）とともにつくりあげていく裁判の完全な封殺を意味することになる。軽率にも私たちはこれに「異議なし」と和したことで、法廷で〈決定〉されてしまったのだ。もちろん私たちにしてみれば、裁判長の低いくぐもり声を正確に聴きとれぬまま、「もっと双方とも準備してください」と要請されたのだと解して、素直な同意を示したつもりだったのだが。

松下の言うように、本人訴訟で社会問題開示型訴訟を闘おうとする原告たちを、〈法廷〉という公けの場におきたくない配慮として、「準備手続という非公開の密室に封じこめておこう」とする裁判官の意図は了解可能である。しかし、それでは司法というアリーナも閉鎖されてしまい、〈法廷〉を利用して問題提起・問題開示を行なうことは不可能となってしまう。

幸い、裁判官自身が「原告らは準備手続の意味を理解していなかったのではないか」と不安に思ったこともあり、松下らが提出した「公開の口頭弁論での審理を求める」旨が記載された上申書を裁判所が受け入れる形で、その「原告らの主張を非公開の密室に封じこめておこう」とする決定は撤回されたのである。(3)

松下は、〈法廷〉での弁論活動を通してのみでなく、ミニコミ誌『草の根通信』で裁判にまつわる様々な興味深いエピソードをユーモアあふれた筆致で書き記すことにより、また『法学セミナー』誌上に長期間にわたり連載された「法をわれらの手に」という文章でいわば裁判の展開過程の忠実な実況中継を行なうことにより、多数の聞き手や読み手にむけて火力発電所建設に関わる社会問題提示を試みたのである。豊前環境権裁判は、原告である松下が闘った訴訟であると同時に、ノンフィクション作家でもある松下の取材対象でもあったゆえに、その社会問題開示機能は多様なメディアを通じて重層的に強化されたわけである。このように、豊前環境権裁判は、土呂久鉱害訴訟と異なり、原告と被告の間に、資金や時間という裁判のコスト負担能力や組織性のような法動員のための資源調達能力に関してある程度の対称性が存在していたと考えられるから、フラーの「参加テーゼ」の限界はほとんど顕在化しなかったと言えよう。

しかし、豊前環境権裁判は社会問題開示型訴訟であるからこそ、松下に好意的な弁護士から「私があなたに環境権訴訟を諦めてほしいとお願いするのは、今の豊前・中津の低調な市民運動では、まずもってこの困難な裁判に勝ち目はなく、あなたたちがつくる敗けの判例は全国の住民運動に、はかりしれぬ損失を残してしまうのです」と諫止されたことは、松下にとって「辛く痛い」ものであった。それは、仮に裁判官が「原告の差止請求を却下する」という原告敗訴の判決を下した場合、惹起されるであろう法的発語媒介効果が社会問題開示型訴訟の提起抑止機能を果たすと考えられるからである。すなわち、

●仮定の法的発語行為……〈LLA＝H〉

福岡地裁裁判官（S＝H）は、原告（A_1＝H）に、「原告の差止請求を却下する（M＝H）」と言った。

福岡地裁裁判官（S＝H）は、被告（A_2＝H）に、「原告の差止請求を却下する（M＝H）」と言った。

●仮定の法的発語内行為……〈LIA＝H〉　In saying M＝H,

福岡地裁裁判官（S＝H）は、原告（A_1＝H）に、（敗訴）判決を下した。

福岡地裁裁判官（S＝H）は、被告（A_2＝H）に、（勝訴）判決を下した。

●仮定の法的発語媒介行為……〈LPA＝H〉　By saying M＝H,

福岡地裁裁判官（S＝H）は、原告（A_1＝H）を、落胆させた。

福岡地裁裁判官（S＝H）は、被告（A_2＝H）を、喜ばせた。

福岡地裁裁判官（S＝H）は、（同様の社会問題開示型訴訟を提起しようかどうか思案している）聞き手（A_3＝H）を、失望させた。

福岡地裁裁判官（S＝H）は、（同様の社会問題開示型訴訟を提起しようかどうか思案している）聞き手（A_3＝H）を、（社会問題開示型訴訟を提起することを）断念させた。

松下は言う。

私にとって、とりわけ気掛かりなのは、すでに環境権訴訟を先発させている北海道伊達の人びとのことである。もし弱体な私たちが後続して、その私たちのほうがさきに敗けの判例をつくってしまったとき、それが伊達の人びとにとりかえしのつかぬ迷惑をおよぼすのではないかという不安は、私の邁進の意気ごみをともすればくじきがちであった。

松下は、社会問題開示型訴訟の提起抑止機能という仮定の法的発語媒介効果（LPA＝H）が、将来、現実の法的発語媒介効果（LPA＝R）として現出する蓋然性が高いと考え、その不安を、「伊達火力に疑問を持つ会」の正木洋に率直に打ち明けた。正木は、その問いかけに、次のように答えた。

松下さん、むしろぼくらはあなた方の裁判を歓迎しますね。だってさ、全国につぎつぎと、それこそ澎湃として環境権訴訟のおきるときこそ、勝利に近づくんだと思いますよ。

敗訴判決の社会問題開示型訴訟の提起抑止機能を明確に否定した正木の言葉に勇気づけられた松下は、〈LPA＝H〉という仮定の法的発語媒介効果に関するリフレクションを「環境権訴訟を提起する」という自己の法的言語行為に反映させなければならないのではないかという不安から解放されて、もはや躊躇することなく豊前環境権裁判に踏みきったのである。

3　紛争管理権

豊前環境権裁判とは、火力発電所建設差止請求訴訟である。しかし、問題は、わが国の法律には差止めを規定した条文がまったく存在しないということである。この事実はもちろん、差止めの根拠が存在しないことを帰結するものではなく、むしろ、沢井裕が示唆するように、学説上複数の根拠が提示され、各々が互いに対立する現状をもたらしてさえいる。(4) まず、住民は公害によって何らかの権利が侵害されているから、その権利に基づいて差止めが認められるとする権利説がある。そして、この権利説自体も、物権的請求権説、人格権説、環境権説に区分される。

物権的請求権説は、騒音・振動・排煙・臭気の侵入は所有権などの物権に対する侵害であるから、物権的請求権の一種として差止請求権が認められると主張する。この説によれば、訴訟物たる物権的請求権について管理処分権を有する者が原告適格をもつ。次に、人格権説は、公害による生命・健康などの侵害を人格権への侵害と見て、人格権に基づいて差止請求ができると考える。侵害された人格権について管理処分権を有する者（被害者個人）が原告適格をもつことは当然である。「原告の差止請求を認容する」という法的発語行為を遂行した大阪空港公害訴訟大阪高裁判決は、まさにこの人格権に基づいて原告を全面勝訴させたのである。最後に、環境権説は、良き環境を享受し、かつこれを支配する権利」としての環境権を根拠に、差止請求が可能であると主張する。一般に「周辺地域住民が環境権を有している」とされるが、環境権の侵害が主張されて差止請求訴訟が提起される場合、原告適格の範囲は不明確となる。後に詳論するように、伊藤真が紛争管理権という新しい概念を提示したのも、それが不明確になることに対処しようとしたからであった。ただし、例えば、伊達火力発電所差止請求訴訟札幌地裁判決で、「〔環境権説には〕権利の対象となりうるだけの明確かつ強固な内容および範囲が認められない」として請求が棄却されていることからも明らかなように、環境権説をめぐる状況は、沢井が「絶望的な環境権説」と嘆くものとなっている。(5) 淡路剛久も、名古屋新幹線公害訴訟判決から、「事態がこのまま推移する限り、環境権が裁判所によって承認される可能性はほとんどない〔ことが改めて認識させられた〕」と述べているのである。(6) したがって、「澎湃として環境権訴訟のおきるときこそ、勝利に近づく」という正木洋の言葉は、たしかに松下を勇気づけたであろうが、現実の司法はその言葉を裏切りつづけているのである。

他方、これらの権利説の全体に対立する学説として、受忍限度論がある。それは、侵害された利益の種類・侵害の程度・侵害行為の性質・差止めを認めた場合の両当事者への影響および社会的影響など様々な要素を比較衡量し、それが受忍限度を超えると判断された場合のみ、差止めが認められるとする。加藤一郎の言うように、「被害がゼロのところから出発して、だんだん被害が大きくなっていくと、それがある一定の限度をこえたところから、損害賠償が認められるようになる。しかし差止請求が認められるのは、それより高いところで、どうしても止めなければ困る場合に限られることになる」。(7) それゆえ、受忍限度論は、いわゆる違法段階説をとるが、このことは「〔行政追認的性格の強い〕裁判所の裁量に任せることにより、被害者救済への道を閉ざす『歯止めなき利益衡量』に至る」(8) という権利説からの批判を招くことになる。

したがって、最初に環境権を提唱した仁藤一らの批判の標的が、利益衡量論に与する加藤一郎や野村好弘らの（新）受忍限度論であったことは納得できる。ところで、その環境権で差止請求訴訟を闘う場合、困難となるのは原告適格の範囲の確定である。伊藤真によれば、適格概念の役割には、紛争解決にとって不適切な当事者を排除するという消極的機能と、紛争解決にとってヨリ適切な当事者を選び出すという積極的機能がある。公害差止めをめぐる紛争の場合、「紛争原因が共通であるとともに、利益が一体となっていること」が特徴であるから、「一体化した利益を最もよく守ることが期待される者を適格者として選ぶことが重要になる」[9]。以上のような視座から、伊藤は、訴訟提起前の紛争解決行動に基づく地位を「紛争管理権」と名づけ、それを当事者適格の基礎とすべきであると主張する。

大阪空港公害差止訴訟・名古屋新幹線公害差止訴訟・豊前環境権裁判は、いずれも紛争当事者が多数存在している点に特徴があるから、これらの訴訟では「ヨリ適格な当事者を選び出す」という適格の積極的機能が重大となる。すなわち、①これらの事例では「訴訟当事者は紛争過程の中で重要な役割を果たしている。訴訟提起前から当該環境問題について相手方と交渉し、あるいは紛争当事者による交渉団体を結成したりしている」。また、②これらの事例では「差止判決の効果は、非訴訟当事者にも及ぶことになる。むしろ請求の内容自体にそのような特徴を反映させせようとする考え方も有力である」。例えば、沢井裕は「個々人の受ける被害の程度を基準として差止めの可否を論じるのは適当でなく、侵害によって影響を受ける者を一体として差止めの基礎となる環境権への侵害を考えるべきである」と述べている[10]。

以上の考察に基づき、伊藤は、紛争管理権の導入を主張する。

（これらの事例の）当事者のように、訴え提起前の紛争過程で役割を果たした者に、管理権が認められる。その際に、直接に、生命、身体、精神に侵害を受けるか否かという要素は、管理権を基礎づける間接的な事実に過ぎない。直接の侵害を受けない者であっても、紛争過程で重要な役割を果たした者であれば、管理権―適格を認めてよい。……（何ら紛争過程に関与しなかった者には紛争管理権は認められないが）従来の理論の下で適格を認められていた者が、それを紛争管理権の欠缺を理由に否定されることにはならない。むしろ紛争管理権は、適格拡大の機能を果たすことになろう。

したがって、侵害により直接に被害を受けている複数の周辺地域住民が訴えを提起する場合は原則として紛争管理権は認められるが、第三者である自然保護団体が大規模な開発に対して訴えを提起する場合であっても、紛争管理権が認められることがありうる。

……これら第三者に紛争管理権が認められるためには、一定の要件が必要である。単に当該問題に興味を持っていたとか、理論的関心があるとかでは当然不十分であり、紛争過程に関与せずに突然訴訟を提起したりする場合にも、管理権は否定される。たとえ第三者であっても、地域住民の場合と同様に相手方と交渉を行ない、紛争過程で重大な役割を果たしている場合にのみ管理権が認められ、適格が肯定される。ある種の環境紛争にあっては、地域住民が開発主体と合意し、紛争が生じないこともある場合があるが、このような場合であっても、右のような管理権が認められる第三者が存在すれば、その者の訴訟提起を認めることも可能であろう。(11)

既述のように、豊前火力建設反対紛争において、豊前海漁民の多くは公害で既に汚染されていた豊前海に絶望していたため、豊前海漁協組合長会は早々に共同漁業権放棄を決め、九州電力と漁業権喪失の補償について協定書を作成していた。つまり、この事例では、周辺地域住民である豊前海漁民は、（後に一部の漁協が一時的に反対決議を行なうものの）建設主体である九州電力と合意しており、火力発電所建設について紛争は起こっていなかったのである。このような場合であっても、伊藤によれば、九州電力との紛争過程で重要な役割を演じてきた「中津の自然を守る会」や「環境権訴訟をすすめる会」には、紛争管理権が認められることになろう。

このように、第三者の適格が問題となる場合、紛争管理権の有無が訴訟要件の審理内容となり、結果として適格が拡大されることがあるゆえに、判決（特に敗訴判決）の主観的範囲の問題が大きく浮上することになる。伊藤によれば、個別利益性の強い紛争もあれば一体性の強い紛争もあるから、判決効の拡張の対象となる他の紛争当事者の利益の内容は、必ずしも一律ではない。

一体性の強い紛争においては、有利な拡張だけに限定する根拠は曖昧になる。環境紛争はまさにこの場合であり、紛争管理権は、一体としての利益を紛争過程で主張することによって成立する。他の紛争当事者としては、訴訟前の紛争利益そのものが一部の者によって形成されたとみることができる。とすれば、判決効が不利に及ぶ場合も考えることができる。

もちろん、伊藤は、当事者に対する手続保障が強調されるに伴って、判決効の不利な拡張について警戒的態度が強まりつつあることには理由があると認めつつも、それが結果的に適格の拡大を阻害する機能をもつことに注意を促す。

差止訴訟の適格が拡大される場合に、判決効が有利にのみ拡張され、敗訴判決がなされても、他の紛争当事者は何らかの影響（事実上のものを除いて）を受けないのであれば、相手方は繰り返し応訴せざるをえなくなることが予想され、解釈論としてのバランスを失し、説得力に乏しい議論となろう。

ここから読みとれるのは、判決の事実的効力である間接波及効＝法的発語媒介効果ではなく、判決の制度的効力である既判力＝法的発語内効果の拡張によって、裁判の紛争解決機能の向上を図ろうとする伊藤の強い姿勢である。

適格者であっても紛争管理権のない者に対する請求棄却判決は、他の紛争当事者を拘束しない。すなわち直接的な侵害を受けた者であれば、紛争管理権を問題にせずに訴えを提起できるが、その者の請求が棄却されても、他の適格者は訴えを提起することを妨げられない。……（他方）地域住民のうちで紛争管理権を認められる者に対して請求棄却判決が確定した場合には、その判決効は他の者にも拡張され、他の者は訴えを提起しても不適法として取り扱われる。第三者が紛争管理権を取得して訴訟追行した結果、敗訴判決が確定した場合には、本来は適格を持っていた地域住民らも再び訴えを提起することはできなくなる。これは一見不合理のように見えるが、実際には不合理な結果は生じない。第三者が紛争管理権を取得するためには、地域住民との接触、相手方との交渉が不可欠なのであって、直接の侵害を受けている地域住民の関知しない間に敗訴判決が確定し、住民が裁判を受ける権利を失ってしまうことはありえない。第三者がすでに訴訟を提起している場合には、地域住民はその訴訟に参加することになる（共同訴訟参加）。また客観的には一つの紛争であるが、紛争過程が異なるために複数の紛争管理権が成立しているような場合には、ある管理権に基づく適格者に対して敗訴判決がなされても、他の管理権を主張するグループに対しては不利な判決効が拡張されない。

伊藤によれば、訴訟上の取扱いとしては、「ある紛争について差止請求を棄却する判決が確定した後に再び差止請求訴訟を提起しようとする者は、前訴の紛争管理権が自己に及ばないことを主張・立証しなければならない。それに失敗した場合には、第二の訴えは不適法として却下される」というものになる。(12)

伊藤が提唱する紛争管理権論について、井上治典は、「斬新な分析視点から独自の理論枠組をたてて大胆かつ明快に割り切っていく手法は、まことにスマートで現代的である」と評価しつつも、「既存の訴訟法学からの反応は、複雑で屈折したものがあろう」と指摘している。(13) 以下では、その「複雑で屈折した」反応の幾つかを、見ておくことにしたい。

4　紛争管理権の否定

まず、井上正三は、従来型訴訟（紛争）と現代型訴訟（紛争）との相違点が強調されすぎている点に疑問を投じている。従来型訴訟についての実体権中心の訴訟理論のゆきづまりが現代型訴訟に特に顕著に現われているとはいえ、後者にのみ紛争管理権という新たな適格理論を持ち込むことでは問題の本質に迫ることはできないという批判である。[14] この疑問は、名古屋新幹線公害訴訟に関して確認した、間接波及効に否定的な奈良次郎の見解と共通する一面をもつ。

また、福永有利は、伊藤真の立場は、現実に紛争を行なっている主体を中心にするのではなく、その主体を抜きにして「紛争」というものを抽象的に観念したうえで、その「紛争」にとって最も適切な当事者を積極的に選び出すというものであるが、このような「紛争の没主体的把握」は考え方の出発点において疑問があると指摘している。[15]

水谷暢も、伊藤真が「権利義務の主体との関係なく裁判前の交渉に当たった者を当事者にするというのは、裁判前の交渉ルールを問題にするのが訴訟だ」と考えているからだが、それでは「裁判前の交渉で主体となれる者が一体誰なのかは問題にされ」ず、「単に紛争解決行動を取ってきた者に訴訟上も適格が与えられるというにすぎない」と指摘する。つまり、水谷は、現実にその者が交渉を行なってきたかどうかよりも、交渉を行なうに相応しい主体であるかの問題が先行すべきであると主張するのである。[16]

さらに、井上治典は、「放置の自由」を尊重する立場から、「紛争管理権をもつと見なされた者が行なった訴訟の結果（判決効）を画一的に当該紛争管理権に服すると評価される利害関係人に及ぼすという効率を重視した訴訟機能拡大思想に問題はないのか」と論じている[17]。

これらの批判は、「既存の訴訟法学からの複雑で屈折した反応」と言うことができるが、幸か不幸か、最高裁第二小法廷は、一九八五年一二月二〇日、豊前環境権裁判に関して、大略、次のように判示して紛争管理権の考え方を否定した。

上告人らの本件訴訟追行は、法律の規定により第三者が当然に訴訟追行権を有する法定訴訟担当の場合に該当しないのみならず、記録上右地域の住民本人らからの授権があったことが認められない以上、かかる授権によって訴訟追行権を取得する任意的訴訟担当の場合にも該当しないのであるから、自己の固有の請求権によらずに所論のような地域住民の代表として、本件差止等請求訴訟を追行しうる資格に欠けるものというべきである。なお、講学上、訴訟提起前の紛争の過程で相手方と交渉を行い、紛争原因の除去につき持続的に重要な役割を果たしている第三者は、訴訟物たる権利関係についての法的利益や管理処分権を有しない場合にも、いわゆる紛争管理権を取得し、当事者適格を有するに至るとの見解がみられるが、そもそも法律上の規定ないし当事者からの授権なくして、右第三者が訴訟追行権を取得するとする根拠に乏しく、かかる見解は、採用の限りでない。また、上告人らの主張、裁判所の釈明命令に対する上告人らの応答その他の本件訴訟の経過に照らし、上告人らが他になんらかの自己固有の差止請求権に基づいて本件訴訟を追行し、当該権利主張に基づき当事者適格を有するものと解すべき余地もなく、結局、上告人らは、本件差止等請求訴訟につき当事者適格を欠くというに帰着し、上告人らの本件訴えは、不適法として却下すべきものとするほかない。

しかし、もし仮に最高裁判所が紛争管理権を「裁判制度の《内部》から裁判官が設計する法」として確定したならば、どうなったであろうか。想像してみよう。すなわち、最高裁は、松下竜一らの「環境権訴訟をすすめる会」を紛争管理権者として認め、適格についても、環境の保全を主張する利益は必ずしも個人に限定されないとして、「環境権訴訟をすすめる会」の原告適格を肯定した。しかし、本案については、火力発電所の建設・設置による環境の侵害は著しいものではないとして請求棄却の判決を下した。この仮定の最高裁判決を法的言語行為論の観点から分析してみよう。

●仮定の法的発語行為……〈LLA＝H〉

最高裁裁判官（S＝H）は、原告（A_1＝H）に、「原告の差止請求を棄却する（M＝H）」と言った。

最高裁裁判官（S＝H）は、被告（A_2＝H）に、「原告の差止請求を棄却する（M＝H）」と言った。

●仮定の法的発語内行為……〈LIA＝H〉　In saying M＝H,

最高裁裁判官（S＝H）は、原告（A_1＝H）に、（原告敗訴を確定させる）判決を下した。

最高裁裁判官（S＝H）は、被告（A_2＝H）に、（原告敗訴を確定させる）判決を下した。

最高裁裁判官（S＝H）は、「環境権訴訟をすすめる会」の構成員である周辺地域住民（A_3＝H）を、個人として同趣旨の訴えを再び提起できなくした。

最高裁裁判官（S＝H）は、「環境権訴訟をすすめる会」の構成員でない周辺地域住民（A_4＝H）を、個人として同趣旨の訴えを再び提起できなくした。

この仮定の最高裁判決では、裁判の事実的効力である間接波及効＝法的発語媒介効果が多数の聞き手について問題となった名古屋新幹線訴訟名古屋地裁判決と異なり、裁判の制度的効力である既判力＝法的発語内効果が多数の聞き手について問題となるのである。原告（A_1＝H）と被告（A_2＝H）以外にも、「会」の構成員である周辺地域住民（A_3＝H）のみならず、「会」の構成員ではない周辺地域住民（A_4＝H）さえも裁判官の遂行する法的発語内行為の聞き手として想定されているところに、既判力の拡張が孕む問題が潜んでいる。

井上治典は、伊藤真に対して、「当事者適格の基礎として紛争過程における行動・役割に着目した点は異論なく至当だとしても、その判決の効力は当事者およびごく限られた者（当事者とならんで判決の効力を受けても仕方がないと評価できる行動を自ら積極的にとった者）にのみ及び、紛争解決機能はその範囲の者の間で図られれば足りるという選択肢がなぜとられなかったのか」と問いかけるのである。すなわち、「会」の構成員ではない周辺地域住民（A_4＝H）が、「自ら積極的に訴訟当事者への反対行動をとらない限り、紛争管理権者とされる者の訴訟結果に包摂され拘束されることになってよいのか」という問題は、未だ議論が尽くされていないのである。かくして、井上は、伊藤理論は「紛争の合理的解決・紛争解決機能の向上という理念目標に向かっていささかとぎすまされすぎているのではないか」と指摘するのである。[18]

たしかに、L・L・フラーやP・カラマンドレイの理論からすれば、「会」の構成員でない周辺地域住民（A_4＝H）は、「話し手（S）」として主体的・能動的に〈法廷〉に参加する機会が与えられず、紛争管理権者の敗訴の確定により時には何も知らぬまま判決効の拡張を受けて「訴えの提起をできなくされる」受動的存在であるから、意思決定プロセスへの参加を正当化根拠とする民主主義は彼（女）らにはまったく保障されていないことになる。それゆえ、紛争管理権の考え方は、「手続保障の第三の波論」（井上治典）に代表される最近の民事訴訟法学の有力な潮流と緊張関係に立つ一面を有することは否定できないであろう。

もっとも、伊藤自身、次のように論じている。

判決効の拡張はそれ自体が目的ではない。むしろ現実の紛争事案においては、拡張自体が問題となることは少ない。紛争当事者のうちのある者について判決がなされれば、その判決の波及効果によって紛争が解決され、他の者が同趣旨の訴訟を提起したり、されたりすることは稀であろう。[19]

それならば、裁判の紛争解決機能の向上という観点からも、裁判の制度的効力である既判力＝法的発語内効果のみならず、その事実的効力である間接波及効＝法的発語媒介効果をも視野に入れた、社会全体を一つの正義のシステムにまとめ上げるための「とぎすまされすぎていない」理論の構築が試みられるべきではなかったか。

紛争管理権論は、井上治典らの批判や最高裁判決における拒絶を受けて、提唱者の伊藤自身が、「紛争管理権発生の根拠としていた、訴訟提起前の紛争解決過程への関与などを任意的訴訟担当の要件として再構成し、環境保護団体などは、訴訟担当者として差止請求訴訟の当事者適格を取得しうる」という説に修正した[20]。また、川嶋四郎が、提訴時に必要な当事者適格、「確認判決」に至る過程で要求される当事者適格、「差止判決」に至る過程で要求される当事者適格を区分し、第一段階の当事者適格を伊藤が当初に提唱した紛争管理権者に認めうる、という試論を提示していることも興味深い[21]。川嶋説によれば、松下竜一らの「環境権訴訟をすすめる会」には、第一段階の当事者適格が認められることになろう。

ただし、このような修正ないし試論によって、「既存の訴訟法学の屈折した反応」を和らげることができるか、あるいは司法的政策形成に著しく消極的と言われる裁判所が受け入れるものとなりうるか、は未だに確言できない。

5　環境権の生成？

伊藤真が、当事者適格に関する議論の末尾で、豊前環境権裁判を連想させる架空の火力発電所建設差止訴訟を素材に、判決効の拡張の問題を整理していることからも窺えるように、紛争管理権論は、環境権のような新しい人権の生成と深く関わっている。実際、伊藤自身、次のように論じている。

実体権との関係では、次のように考えられる。金銭債権、物権あるいは人格権のように、実体法上すでに確立された権利が問題となる訴訟では、適格の問題は例外的な場合にしか生じない。これに対して未だ実体権の確立されていない領域（いわば生成中の実体権）においては、適格の問題が常に重要になる。なぜならばその種の領域では、権利が確立されていないから、本来的な利益の帰属主体というものが確定されず、訴訟を通じてそれが確定されるという形になっており、適格者であると認められ、紛争を訴訟の場に乗せうることが権利確立の第一歩となるからである。環境訴訟や行政訴訟の分野では、このような現象がみられる。この種の訴訟では、適格の存否という、訴訟要件についての審理が中心になることが予想される。[22]

田中成明も同様に、「新しい権利の生成過程において裁判が果たすべき役割としては、判決で新しい権利を認めるか否かという以前の段階の問題として、そもそも訴訟手続を開始させ実体審理に入るか否かという、当事者適格をも含めた広い意味での訴えの利益の有無の判断が第一関門として問題になる」と指摘している。[23]このような問題関心から田中が注目するのが、谷口安平の論文「権利概念の生成と訴えの利益」[24]である。

谷口は、「環境権に基づいて工場建設の差止めを求めた場合はどうか。差止め訴訟も給付訴訟であるから訴えの利益は当然に備わっているのか」と問いかけ、豊前環境権裁判第一審判決で「環境権なるものを私法上の具体的権利として認めるべき実定法上の根拠は存せず、実定法上認められない給付請求権を主張する請求は、審判の対象たる資格を欠き、不適法である」旨の判断が示されたことに注意を喚起し、次のように論じる。

このような一連の仮定事例を考えると、そこに訴えの利益の観念（いわゆる権利保護の資格を含んだ広い概念として用いる）が、主張されているところの実体権との関係において、何らかの役割を果たしているように思われるのである。すなわち、主張された権利も事情によっては認められうるとの前提で審理が行なわれるときには、つまり訴えの利益が一応認められた場合には、そのような権利の可能的存在は公式に承認されたことを意味しよう。そのような程度の権利承認の段階がまず考えられる。しかし、多くの事件において可能的存在と認められながら、結果として一度も請求が容認されたことがないとすればそれは幻の権利ということになる。しかし、一連の棄却判決を通じてその権利の要件というものは明らかになってくるに違いない。もし、かなりの事件でその存在が肯定的に認定されたなら、そのような権利は確かに実体法の中にあることになり、一つの新しい権利が生成されたと観念できるのではないか。このような観察方法が正しいとすれば、訴えの利益の観念は裁判過程を通じての権利、したがって法の創造過程を始動させる鍵を握っていると言えるわけである。

谷口自身が、「訴えの利益」を「権利保護の資格を含んだ広い概念として用いる」と述べているから、まさに伊藤真の問題にする「当事者適格」こそが「法の創造過程を始動させる鍵を握っている」と読み換えることも可能なのである。

谷口は、権利の構造とその生成について、「実体法の体系は多くの権利や利益を含んでいるが、これらは一定のシステムの中で多重的な構成を示している」と考え、「このような権利の多重構造を単純化すると、最上位に位する原理的権利概念、その原理のもとで認められる具体的権利概念、具体的権利を保護し、その機能を全うさせるための手段的権利概念の三段階を区別できる」と主張する。この権利概念の三段階説を前提に谷口は、新しい権利の生成プロセスを次のように説明する。

原理的権利にのっとって具体的権利や手段的権利を創り出し、あるいは既存の具体的権利に依拠して手段的権利を生み出すことになる。しかし、いずれの場合にも、権利生成は直接的な現象としては必ず手段的権利のレベルで起こる。……法による拘束を感じている裁判官が新種の具体的権利の創造を自ら宣言し、これによって事件を解決するということはほとんどありえない。しかし、手段的権利は避けて通ることができない。……観察者は手段的権利が認められたことから具体的権利の存在を逆に想定するほかないのである。……日照権についてこのようなプロセスが起こりつつある背景には、変貌する都市環境に対する一定の洞察や価値判断、そして世論や社会的コンセンサスといわれるものなどが凝縮されて存在し、裁判官および観察者の心裡にはより上位の原理的権利のレベルのルールとの関連において整理がなされているはずである。このような上位の価値に照らしての正当化のプロセスなしに新たな権利が定着することはありえないからである。(25)

谷口は、このような具体的権利と手段的権利の関連という観点から、請求権を「再び救済のレベルに引き戻し、その手段性にふさわしい取扱いをすることが必要である」と言う。なぜなら、英米法における「救済」という法分野が「利益保護のための具体的な事案においていかなる具体的救済手段（relief）を与えるのが適切かという観点から行なわれる裁判官の判断作用にかかわる」領域として重要な役割を果たしているゆえに、「実体法、手続法の中間に救済法領域を想定することは訴訟を通じての権利生成メカニズムを考察するに当たっても一つの有益な手がかりとなりうるのみならず、法に柔軟性を持たせるという意味で賢明な政策的判断の反映でもある」からである。当事者適格を含む広義の訴えの利益の概念は、まさにこの救済法領域のなかに位置づけられるべきなのである。

救済法は、……門前払いするか中に入れて実体判断をするか、実体判断した結果どのような具体的な救済を与えるのかに関する法の体系であり、……〔実体法と訴訟法の〕いずれからもはみ出した部分を本体とする……。ここでは既存の実体法にとらわれない幅をもった判断が要求される。実体法のカタログの中で確立していない利益が主張されている場合も、とりあえず中にいれて考慮の対象としてみる態度である。そして、そこにおいて働く判断基準が訴えの利益にほかならないのである。要するに、訴えの利益概念はいわば触角として実体法に欠けている部分、手薄な部分と訴訟との繋がりをつける働きをする。その働きは時には積極的であり、時には消極的である。……新たな社会現象から発生した利益が既存の請求権として定型化された手段的権利によって保護し切れないときには、これに対して審理の機会を与える働きをするのである。従来、訴えの利益の作用としては、消極的作用のみが強調されてきた。〔しかし〕救済法領域を想定することによってその積極的作用を取り込むことができる。(26)

当事者適格を含む広義の訴えの利益の概念をこのように位置づける時、問題は「何をもって保護すべき、また如何なる程度に保護すべき利益があるかを確定すること」である。すなわち、「救済法の領域において訴えの利益が認められ、権利生成の契機が作られるかどうかの鍵を握るものは『保護すべき法的権利』の存在である」が、「さしあたりは実体法上確立された具体的権利に依存することになるが、ある種の利益としては確立していてもそれが特定の救済を正当化するに足るものかどうか」の判断が問題となるのである。

実はこれについては客観的な基準はない。それは訴訟の場で作り出さなければならないのである。当時者主義構造をとる訴訟手続はそれが良く機能した場合には、そこで作り出された基準に対して正当性を与えることができる。そして、ひいてはそのような基準をもとにして生成した権利の正当性を高めることができる。(27)

紛争管理権を認めずに門前払いするか、あるいは紛争管理権を認めて実体判断するかは、〈A・1＝（修正された）手続存在条件〉にいう「手続」が「約定的＝コンベンショナル」なものとなるからこそ、裁判官（S）が手続法ないし救済法に関わる教義学的思考に基づくリフレクションを働かせて、手続創出的（ないし手続内容変更的）という意味で自己関係的な法的言語行為を遂行することにより、例えば「環境権に基づいて差止請求訴訟を提起する自然保護団体の原告適格は認めるべきである」という法的発語内行為の適切性に関する「手続」を、手続法ないし救済法のルールとして裁判制度の中に創出することもできれば、創出しないこともできる。谷口が示唆しているのは、そのルールを創出するか否かの基準が、意味―自省図式にもとづく「自省的行為」を話し手（S）である裁判官が遂行することにより、手続法ないし救済法の領域で「裁判制度の《内部》から裁判官が設計する法」として作り出されることの必要性である。そのような裁判官の営為は、基準は今まさに「作り出さなければならない」＝「現在進行形」および基準は既に「作り出されていなければならない」＝「完了形」という二重時制を前提としているゆえに、谷口は「これについては客観的な基準はない」と強調することになるのである。

権利の生成を基軸に、伊藤の当事者適格の拡大論と谷口の救済法領域における訴えの利益論は接続しうるが、後者は前者と異なり、新しい権利の生成に関わる裁判官の営為が二重時制をとるからこそ「手続」による正当化を重視している。それゆえ、谷口理論は、「民事訴訟理論における手続保障論の主張内容をふまえたものであり、……訴訟の手続過程の正当化機能の説明とも符合している」として、高く評価されるのである。(28) しかし、利益衡量論や受忍限度論に支配された司法の現実は、「環境権が裁判所によって承認される可能性はほとんどない」という、新しい権利である環境権の生成に関して絶望的な状況であることに変わりはない。

6　松下弁護士？

環境思想家の井上有一は、「科学市民」ないし「市民科学者」という人間像を提示する。(29) それは「光」と「闇」をもった近代市民法的人間像の「光」の部分のみを一身に集めた存在と言うことができよう。井上のいう「市民」とは、「社会に対する一定の関心と責任を持ち、主体的に問題意識を持って状況にかかわり、みずからの考えや行動を相対視できると同時に当事者として社会的・政治的役割を果たしていく存在」である。もちろん、井上自身、このような「市民」に「闇」の部分がまったくないとは考えていない。「市民」は、環境の実態や政策に関する情報収集・発信、教育・啓発・調査・研究活動、国内外の市民や市民組織との協力関係づくり、政府・自治体・企業の活動に対する監視・提言・働きかけ、住民投票や市民イニシアティヴなどに「市民」的関心から取り組む存在であるが、他方、支配階層としての特権をもち、個人至上主義や経済自由主義の担い手として弱肉強食・権力志向・支配欲・利益追求・利己主義などとも親近性をもつ存在である。しかし、井上は、チッソ水俣病川本事件訴訟で確認した「差別市民」の悪意や土呂久鉱害訴訟で浮上した「近代市民法的人間像の虚偽性」を反映するこれらの「闇」の部分をさしあたり捨象して、その「光」の部分のみに照準を合わせる。その際、「市民」が、それぞれ異なる「知」をもつ「市の民（いちのたみ）」と「地の民（ちのたみ）」という二つの性格を併せもつことが強調される。

井上によれば、「市の民の知」とは「土地に根ざした実体験がなくても言葉で説明してもらうことにより獲得でき、自然科学の手を借りて数値で表現することにより、地域の壁を越えて広く比較・共有できるもの」である。「地の民の知」とは、「その土地に生まれ育ち山を日々の生活の場にしてきた人の山への理解のように、外来の者は言葉で説明してもらうことによりその断片を理解することはできても、その内実は土地を離れては意味をなさないもの」である。

「市の民」には、「因習や地域の制約を超え政治世界（ポリス的世界）において自由な立場で自らの主人公になっていくことのできる強さ」があり、「地の民」には、「地域という生活世界（オイコス的世界）に根ざしているという生存にかかわる強さ」がある。井上が目指すのは、「市の民の知」と「地の民の知」ないし「市の民の強さ」と「地の民の強さ」の「いいとこ取り」である。

そのような観点から、井上は、「市民科学者」を自称する高木仁三郎による「市民の立場に立ちつつ十分に専門的な検証に耐えられるような知を市民の側から組織していく」ことや、「産業界や公的機関の利害を負った研究報告などが発表された場合、それを批判する力をもった独立の研究グループの批判を保障し、その両者の言い分を聞いたうえで人々が判断していく」ことの必要性の指摘[30]を高く評価する。井上は、高木が科学者が「市民科学者」になっていく経路を明示したと考え、科学者でない「市民」が自らを「科学市民」に育てていくことの意味に着目する。それは、「地の民の知」から出発しつつも、その「知」を鍛え上げて、「産業界や公的機関の利害を負った研究」と「市の民の知」の地平で堂々と闘うことのできる「知」を創り出すことの重大性である。そのような「市民」を、井上は「科学市民」と呼ぶのである。井上は、「科学市民」を主として「自然科学市民」に限定して理解しているが、もちろんそれは「社会科学市民」でもありうる。実際、豊前環境権裁判のキー・パーソンである松下竜一は、「地の民の強さ」をもった彼自身を「自然科学市民」と「社会科学市民」の性格を併せもった存在へと成長させていったのである。

松下はその著書『暗闇の思想を』の第二章「『科学』への挑戦」において次のように記す。

……単純な計算式で豊前火力一〇〇万キロワット工場が放出する亜硫酸ガス量がつかめたのである。それは思いがけないほど大きな数字であり、「亜硫酸ガスの心配は全くなくなりました」という九電のビラは全くのいつわりだと思えた。しかし私には自信がなかった。……思いついて、これを朝日新聞の「声」欄に投稿してみることにした。正しければ登載されるはずだと考えたためだ。一〇月一一日、「計算が示すこの害――豊前火力に反対する」は掲載された。

……ごく簡単な計算をしてみます。豊前火力が使用する重油量は一〇〇万キロワット工場で年間一四〇万キロリットルです。これは重量換算ほぼ一四〇万トンです。そして九電は硫黄分一・六パーセントの重油を使うといっています。したがって二・二四トンの硫黄が燃焼されます。(140万×1.6/100＝2.24万）この硫黄燃焼で発生する亜硫酸ガスは四・四八万トンです。(S32に対し$SO_2$64の重さ）これに対し九電は排煙脱硫装置を取り付けて、亜硫酸ガスを除去するといっています。しかしこれは半分規模の装置なのです。そして装置自体も八〇パーセント能力なので、完全稼働しても四〇パーセントしか除去出来ないわけです。したがって四・四八万トンの亜硫酸ガスのうち六〇パーセントは空中に放出されます。つまり二・

六八万トンもの亜硫酸ガスがまき散らされるということです。現在ぜんそくで有名な四日市コンビナートが全工場で吐き出す亜硫酸ガスが年間四～六万トンと計算されていますから、実に豊前火力一社で四日市コンビナートの半分量の亜硫酸ガスが放出されるわけです。これで建設に賛成出来るでしょうか。

松下によれば、「六日後、『九電公害関係技術者』の反論が載ったが、それには私の計算間違いを指摘する一行もなかった」のである。[31]

井上の図式によれば、ここには、自然科学者でない松下竜一が、科学者である高木仁三郎が「市民科学者」となった経緯とは逆の、「市民から出発して科学者の方に歩みを進める」姿が力強く示されている。しかし、「自然科学市民」となった松下は同時に「社会科学市民」でもあるのだ。

松下は言う。

私がそれまで学習した環境権諸論文の奇妙な点は、当然、このように反論としてでてくることが予測される〈憲法プログラム規定論〉に関して、それを論破する法理論をどのように構築するのか、その肝腎な点については、ほとんど欠落していることである。やむなく私は、環境権をはなれて、憲法二五条そのものをもっと学習すべく関係論文に目をとおしはじめた。

松下が列記する主要論文とは次のようなものである。

「自由権の国民相互間における効力について」稲田陽一（『公法研究』二六号）・「生存権保障規定の法的性格」高田敏（『公法研究』二六号）・「生存権保障規定の性格に関する法社会学的考察」嶋田英男（『公法研究』二六号）・「人権保障規定の私人間における効力」芦部信喜（『公法研究』二六号）・「私人相互の関係における人権の保障」田口精一（『公

法研究』二六号)・「私人間における基本権の効力」阿部照哉(『公法研究』二六号)・「社会権の法的性格」山下健次(『ジュリスト』五〇〇号)・「朝日訴訟最高裁判決の姿勢」池田政章(『法律時報』一九六七年七月号)・「生存権の権利性」上原行雄(ジュリスト増刊号『法とはなにか』一九六九年)・「生活保護法による保護に関する不服の申立に対する裁決取消請求事件」(民集二一巻五号)・「食糧管理法違反被告事件」(刑集二巻一〇号)。

これらの論文を列記して、松下は次のように続ける。

ほかの六原告がみな、勤務や商売で多忙な日々、どこからも原稿注文などない無名の著述家である私は、暇にまかせてこのような論文を読み漁ることになり、いつしか仲間うちで〝松下弁護士〟と冷やかされるのだった。みずからもそのようなりゆきに苦笑しながら訴訟の中心者たらざるをえなくなっていった。そのころ、某誌は、私たちの裁判を横綱にのぞむふんどしかつぎの相撲にたとえた。[32]

ここで注意すべきは、ふんどしかつぎも、横綱と同様、プロの相撲とりであるということだ。松下は難解な法律の論文を読み漁ることによって、自らを〝松下弁護士〟と呼ばれるまで育てあげていったのである。

実際、〝松下弁護士〟は、〈請求の趣旨の一部変更申立〉をした際に、印紙加貼問題で裁判官と法的論争を行なったが、結局、頭の固い裁判官に原告らの主張を認めさせたのである。まさに、〝松下弁護士〟が「一本とった」のである。このように松下は、仲間の「市民」たちに向って、法律家＝社会科学者のリーガリズムという特殊な世界観を反映した言語と思想をもって妥協せずに語るのである。

他方、松下は、次のようにも述べている。

だが、私の愛する〈青春の風景〉を、どのように法廷で説いても、それは容易に通じる主張とはなりえないだろう。第一、私にとってその愛する〈青春の風景〉の喪失がどれほどの痛苦となるかを科学的に〈立証〉することを迫られる時、私は絶句してしまうしかない。己が心情を、数字をあげつらうように科学的に立証する方法はありえない。……私は法廷で、〈瀬に降りん白鷺の群れ舞いており豆腐配りて帰る夜明けを〉と、なつかしい短歌を朗詠したのであるが、その一首の短歌が、私の心情の立証なのであった。私は、この一首の中に、河口の小世界への愛着を表現し尽くしているのであり、この歌への深い共感を抱く者にとっては、私がもしその〈青春の風景〉を喪った時の痛苦の激しさは、正確に予測できるはずである。これが科学的立証でないとしてしりぞけられるなら、それはもはや人間の尊厳の否定であろう。……私は、環境権訴訟の中で、あくまでも自分の心情を訴え続けていくだろう。科学や法律が、とるにたりぬとして抹消し続けてきた、しかしそれこそが人間の尊厳であるというべき〈心情〉から発して、私は海面埋立てに抗していこうとするのだ。

かくして、松下は、九電側の公害関係技術者＝自然科学者に向って、そして裁判官や九電側の弁護士＝社会科学者に向って、自立した「（九電のいつわりを科学的に証明する）自然科学市民」＝「（〝弁護士〟と呼ばれる）社会科学市民」として、「科学」や「法律」というアリーナで専門的な議論を闘わせていく。そして、九電側の公害関係技術者や弁護士に対して堂々と主張を展開する松下のエネルギーは、明神海岸の瀬に降り立つシラサギやシギやセキレイを生きる慰めと捉える感性に根ざした「地の民の知」と「地の民の強さ」に定礎されている。

環境権確立を目指す運動における同志の淡路剛久から「どうも皆さんは環境権を〈魔法の杖〉と思っているようで……法律学者としては困るんだなあ」と苦笑されながら、そして担当の裁判官から「人間の心をナマのまま持ってきて、それで判断することは許されていないから、原告の人たちが裁判に過大な期待を寄せても、われわれは悩むだけなのだ」という嘆きを聞かされながら、それでも「科学市民」としての責任を果たすため、松下は、〈瀬に降りん……〉と「地の民」の心情を詠むことから、豊前環境権裁判の闘いを開始したのである。(33)

7 「科学市民」と「差別市民」

井上有一は、吉野川固定堰第十堰改築問題に関して、「市民」が「科学市民」として政治的意思決定プロセスに主体的・能動的に参加したことを、民主主義の観点から高く評価する。(34) 一九九五年、四国の吉野川河口から約一四キロメートルの地点に築かれていた第十堰を取り壊して、新しく可動堰をつくる計画の妥当性を検討する「吉野川第十堰建設事業審議委員会」が発足した。圓藤寿穂徳島県知事（当時）と知事が推薦した一〇名の計一一名で構成された委員会は、九八年七月、可動堰建設は妥当であるとする最終意見を答申した。この間、設置に疑問をもつ「市民」と設置計画を推進する建設省は、第十堰が吉野川の治水に及ぼす影響の評価、可動堰化に伴う環境への影響の評価、治水上の代替案に関する費用対効果比を含む評価などを巡り見解を異にしていた。委員会が提出した答申に反発した「市民」は、可動堰建設計画について住民投票を行なうことの検討を開始した。そして、市長や市議会に向けての住民投票条例制定を目指す署名運動、全有権者の四八％強を超える有効署名を拒絶するかのような市議会での条例制定の否決、市議会議員選挙での条例制定派の勝利、新しい市議会への住民投票条例案の議員提案、投票率五〇％を投票の成立条件とするという妥協案の可決などの紆余曲折を経て、ついに条例は制定されるに至る。

二〇〇〇年一月、住民投票は実施される。可動堰建設推進派の一部が投票率を下げるための投票ボイコットを行なうなか、最終投票率は五五・〇％となって開票が実現した。可動堰建設反対票は投票総数の九〇・一％（賛成票は八・二％）、有権者総数の四九・六％に達した。

ところが、徳島市議会が住民投票条例を審議中、中山正暉建設大臣（当時）は、可動堰建設計画に関して「洪水被害が予想される地域の極く一部と考えられる徳島市の住民投票結果をもってその方向を決するなど到底忖度し難く、民主主義の履き違えを憂慮いたしております」と書かれた書簡を徳島市長などに送っていた。また、圓藤知事も、阿波町議会が徳島県内自治体で初めて第十堰改築計画に反対する意見書を可決した際に、「意見書を出すなら、きちんと勉強してからにしてほしい」と批判し、「事実について正しく認識いただいていない部分がかなりある」ことが「第十堰改築問題が、いかに専門的な問題かを示しているのではないか。間違った知識で判断すると大変なことになる」と述べていたのである。

井上によれば、中山や圓藤の「専門的なことは専門家に任せろ、素人は口出しするな」という意見は、『専門性』は排他的で、専門家とそうでない人々のあいだには越えがたい溝がある。専門家でない人々は、専門家が出した正しい答を追認するだけで、専門家が出した結論にまさる正しい答に非専門家が独自に到達することはできない。専門家がかかわった計画に反対する非専門家である市民の意思表示は誤った判断であり、それを政策決定の根拠にした場合後世に悔を残す」という帰結を導く。井上によれば、中山や圓藤は、この「民主主義の誤作動」を指摘したのである。

しかし、この「民主主義の誤作動」論は二つの観点から批判される。井上は言う。

一つは、公共政策や事業計画にかかわる科学や専門の神話の問題である。すなわち、科学の無謬性（けっして誤りを犯さない）や全能性（すべてに正しい答を見つけ出してくれる）、さらに専門の絶対性（専門のことは専門外の人には分からない）や排他性（制度化された特定のシステムのなかで教育を受け訓練されてこなければ専門家の水準には達しない）という「神話」を楯に取り、その「権威」のもとに「これは専門家が出した科学的な結論なのだから」と、専門家でない人々の問いかけに対し問答無用の態度を取ることが根本的に間違っているということである。……二つ目は、科学には総合判断が本質的にできない、政治的な判断（多元的な価値の対立の裁定）が下せないという問題である。吉野川可動堰建設計画のような公共政策や事業計画には、分野を横断する総合的な判断が要請される。それは技術的・科学的な側面だけでなく、税金の使い方をはじめ未来のあるべき像といった価値観にかかわる問題でもある。個々の分野の科学的・専門的知見は、総合性が必要とされる判断や意思決定を独占するのではなく、その判断のために広く検討される材料として提供されなくてはならない。

井上は、このように述べて可動堰建設をめぐる住民投票への参加を正当化根拠とする民主主義を擁護し、「市民」が「科学市民」になることの重要性を指摘する。

　ここで市民に求められることは、自分たちの提言や計画を支える根拠を、みずからの価値観という側面だけでなく、科学の言葉でも説明できるだけの準備をし、考えや主張の異なる人々とのやり取りで共通認識となりうる部分を確認し、議論の基盤にできることであろう。そこには、相手の議論の科学的根拠の危うさを科学の言葉で指摘するとともに、相手の指摘を受けてみずからの根拠の科学的妥当性を改善していく作業も含まれる。そして、公共政策や事業計画に関して、情報公開や市民参画の機会が制度的に保障される社会を実現してゆくことであろう。これらの機会は市民の要求によって初めて実現し、意味を持つものである。[35]

　このような立場からすれば、豊前環境権裁判における松下竜一は、「火力発電所建設に反対する論拠を科学の言葉で説明する」ことにより、科学の無謬性・全能性の「神話」および専門の絶対性・排他性の「神話」をことごとく打ち破ったゆえに、「科学市民」として理想的な役割を果たしたと言えよう。

　ここで重大な問題として浮上してくるのは、「市民」が「科学市民」となりうることを前提とする井上有一による「民主主義の誤作動」を批判する見解と、「市民」が「差別市民」となりうることを前提とする井上達夫による「民主主義の限界づけ」を要請する見解が、いかなる関係にあるかということである。この問題に示唆を与えるのは、井上達夫と名和田是彦の論争である。[36]神戸市の真野地区のまちづくりに着目する名和田は、《人間が豊かな共生社会》の重要な一要素として、地域社会の活性化を提案し、「市民」たちが、「場合によっては公的な決定権をもって、事業主体として、社会形成を担っていく必要性」を主張する。ところが、井上達夫は、まちづくりに取り組むコミュニティにおいても、「下からの民主主義が活性化すればするほど、少数者に対して、多数派からの同調圧力が高まらざるをえないのではないか」という危惧を表明する。すなわち、「隣人の善意は村八分の敵意と裏腹」である以上、「コミュニティ内の少数者保護について、隣人の善意に期待すればよい、というのは幻想」と言わねばならない。

この井上達夫の危惧について、名和田は次のように答える。

> 確かに、井上のいうコミュニティ内の少数者保護や、コミュニティとコミュニティとの間の調整の問題は、コミュニティに任せるだけですむものではないだろう。井上は司法過程による人権保障を重視しているが、それだけでなく行政部門の専門的第三者機関の介入が必要な場合も、多いかもしれない。いくらコミュニティが力量を高めても、公共的な事柄について司法や行政の固有の存在理由はなくならないだろう。……しかし、他方、自らの公共的な事柄を他人たる専門機関に委ねることもまた、隣人を過度に信頼することと同じくらいリスクを伴なう。むしろ、コミュニティの自治と、司法や行政への委任との、望ましいバランスを模索することが必要である。そのように考えたとき、少なくとも現状において、コミュニティの自治が占める比重は小さすぎる。コミュニティがどこまで社会形成を担えるか、もっとコミュニティに仕事を任せて、実験を重ねるべきだと思う。

このような観点から、名和田は、現在の日本社会では、草の根レベルでの民主化の不徹底こそが、公共性の民主的形成経路を絶っているゆえに、「(井上達夫のように)地域社会における参加民主主義の限界問題を、いま先取りするのは適当ではなく、むしろ、参加民主主義の足腰を強くすることのほうが先決である」と強調する。この指摘に、井上達夫は次のように答える。

……民主主義の足腰をまず鍛えるという、名和田の戦略的スタンスは、十分理解できる。しかし、和や強調を重視して、対立や論争を回避ないし隠蔽しようとする態度が、依然根強く支配する現在の日本社会において、リベラルな寛容精神の陶冶を先送りし、参加民主主義の活性化を最優先課題として追求するならば、異質なものの自由対等な共生よりは、同質化による団結の強化がもたらされる可能性が強い。

井上達夫が重視するのは、同質社会的統合の抑圧の問題である。すなわち、「私たちの城主＝殿様であるチッソを悪く言う人は、チッソの企業城下町である水俣から出て行って下さい」という、「市民感覚」に孕まれている問題である。それゆえ、井上達夫は、このような抑圧は、「市民」が「政治の真の主人公になれば克服されるはずだと、決め込むことはできない。むしろ、逆に、強化されかねない」と考える。「だからこそ、リベラルな共生理念が、民主主義の活性化の名においても犠牲にできないことを、いま強調することは、現在の日本社会においては、戦略的にも、極めて重要なのである」。

「自らの公共的な事柄を専門機関に委ねることはリスクを伴なう」という判断に立脚し、「参加民主主義の足腰をまず鍛えるべきである」という名和田の立場は、「専門的なことは専門家に任せるべきだ」という考えを拒絶し、政治的意思決定プロセスへの「市民」の参加を正当化根拠とする民主主義を擁護する井上有一のそれと基本的に軌を一にしている。名和田は神戸市の真野地区のまちづくりに着目したが、可動堰建設問題を検討した井上有一も徳島市のまちづくりを素材としていると言える。名和田と井上有一が、「市民」がまちづくりにおいて「科学市民」となるという上向きのポテンシャルを有していることを重視するのに対して、井上達夫は、「市民」が不利な立場の少数者を抑圧する「差別市民」となるという下向きのポテンシャルをもつことに警戒心を示している。上向きのポテンシャルについては、豊前環境権裁判における松下竜一の行動に即して確認したので、ここでは下向きのポテンシャルについて論じておこう。

チッソ水俣病川本事件訴訟との関連で論じたように、水俣では、陣内や浜町の住民↓丸島の農民↓小松原の漁師↓舟津の住民という自生的差別秩序が形成されていたが、この事実は、井上有一が注目する「地の民」にも共同体的な身分差別がタテに貫徹していたことを示している。井上有一は、「地の民」は「地域という生活世界（オイコス的世界）に根ざしているという生存にかかわる強さ」があると強調するが、その「強さ」は、「地の民」が自らの更に下位に位置する「地の民」を下方に踏みつけることにより、その反発力によって得られる「強さ」とも考えられるのである。

「地の民」に纏りつく差別は、実は、豊前環境権裁判でも確認されていた。第九回口頭弁論で、豊前市同和教育推進協議会に勤務する青年が証言台に立った。松下の「あなたのお話しのなかで、海岸にすみながら漁業が保障されていないとありましたが、具体的にいうと、どういうことなのですか」という問いかけに、青年は、大略、次のような内容を語った。

海が満ちた時に漁業をするのに何の制約もない普通の漁師と異なり、海岸に住む被差別部落の人々は、タテボシ網と干潟しか許されていなかった。タテボシ網とは、海がひいた時にタテボシ網をたてて、それにひっかかってくる小魚をとることであり、干潟とは、海辺に石を積んでつくった石囲の中に魚をおいこんで、潮が引いてからその中に残った小魚をとることである。このような原始漁業でとった小魚を、山の手の被差別部落の人に売ったり、米と物々交換したりして、生活をしていた……。

青年――私たちの地域は山と海に囲まれています。で、山を目の前にしながら入会権というものが認められていないために、嵐の日とか、そういう海に打ち寄せてくるですね、嵐のあとに海岸に行ってですね、流木あるいは難破船のくずれた材木を拾ってですね、日常の生活の糧にした記憶がございます。

松下――そういう、まあ、永い生活実態があるとすれば、当然、戦後、水産業協同組合法によって漁業権というものがちゃんとした形で設定された段階で、明神や前川の被差別部落の人たちも当然漁業権をもつべき人はかなりいたと思うのですが、そういう人たちも漁業権はもてなかったのですか。

青年――はい、残念なことには、まだまだ部落差別がきびしかったので。いつ漁業組合がつくられたかも知りませんが、そういうのに呼びかけてもくれなかった……。

松下――つまり、その権利を要求することすらできない差別状況にあったと考えていいわけですね。

青年――はい、そうだと故老からは聴いています。

松下――したがって、こんにちの埋立に関する漁業権放棄というものが地元の漁業組合によってなされたんですが、そういう話し合いからも排除されたんですね。

青年――それはもう、当然のことです。

そして、青年は、「現在、部落解放同盟は、諸権利奪還闘争の一つとして、漁業権闘争にも取り組んでいる」と証言した。松下は言う。

最後に私は、……（青年から）提出された一枚のハガキを読みあげた。〈被差別部落からの証言〉として、新聞記事となったあと、……（青年のもとに）とどいたいやがらせの匿名ハガキである。部落差別がいまもなお、どんなに深くこの社会に根ざしているかをなまなましく証する文面であった。法廷がしんと鎮まったなかで、私の尋問はおわった。[37]

松下は、「市民」である漁師のみによって構成された漁協が、たとえ漁業権の放棄を民主主義的な仕方で決議し

図３　「市民」の二面性

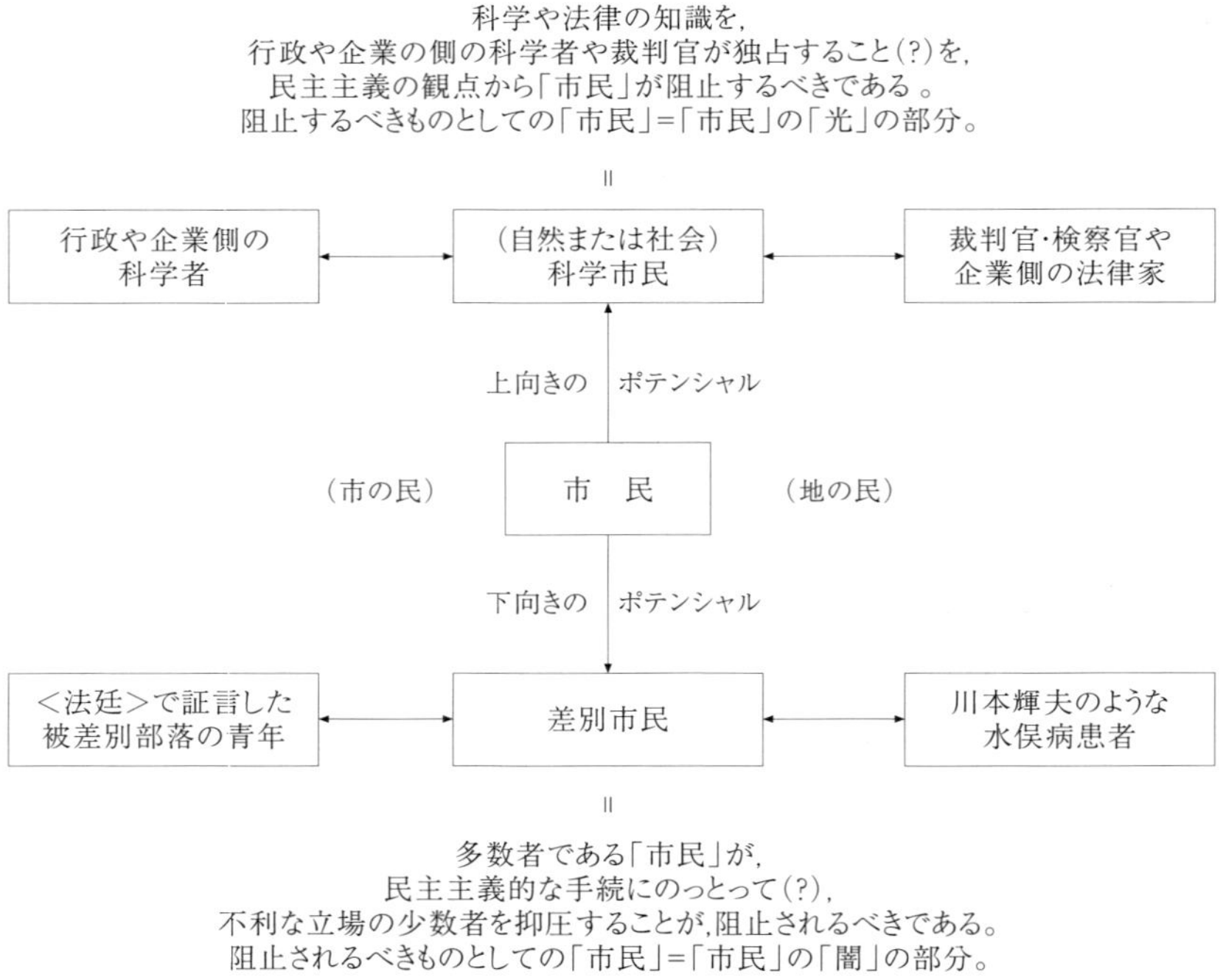

科学や法律の知識を，
行政や企業の側の科学者や裁判官が独占すること（?）を，
民主主義の観点から「市民」が阻止するべきである 。
阻止するべきものとしての「市民」＝「市民」の「光」の部分。
＝
行政や企業側の科学者
（自然または社会）科学市民
裁判官・検察官や企業側の法律家
上向きの　ポテンシャル
（市の民）
市　民
（地の民）
下向きの　ポテンシャル
＜法廷＞で証言した被差別部落の青年
差別市民
川本輝夫のような水俣病患者
＝
多数者である「市民」が，
民主主義的な手続にのっとって（?），
不利な立場の少数者を抑圧することが，阻止されるべきである。
阻止されるべきものとしての「市民」＝「市民」の「闇」の部分。

たとしても、その漁協から「排」された被差別部落の人々がタテボシ網や干潟を生業として海から恩恵を受けて暮らしているという現実がある以上、彼（女）らを抜きに作成された漁業権喪失の補償についての協定書には手続面での決定的な瑕疵があることを印象づけようとしたのである。

この箇所は、「市民」について考える場合、象徴的な意味をもつ。すなわち、「市民」から「科学市民」へと自らを鍛え上げた松下竜一が、〈法廷〉で被差別部落出身の青年に問いかけることによって、「市民」が「差別市民」となることが証言されたのである。

したがって、「市民」の「光」と「闇」について論じる場合、「市民」は「科学市民」となる上向きのポテンシャルをもつことだけでなく、「市民」は「差別市民」となる下向きのポテンシャルを有することも同時に視野に収めねばならない。この複眼的視野に立脚して、一方で井上有一の言うように、行政や企業側の専門家が主張する民主主義の誤作動という主張を拒否しなければならないと同時に、他方で井上達夫の言うように、不利な立場の少数者を抑圧する多数者が実践する民主主義を限界づけなければならないのである。豊前環境権裁判が「市民」論および「民主主義」論に突きつける課題は、深く且つ重い。

(1) 以下、豊前環境権裁判に至る経緯については、松下竜一『暗闇の思想を』（朝日新聞社、一九七四年）、同『明神の小さな海岸にて』（朝日新聞社、一九七五年）参照。
(2) 長谷川公一「『現代型訴訟』の社会運動論的考察」『法律時報』六一巻一二号所収参照。
(3) 松下竜一『豊前環境権裁判』（日本評論社、一九八〇年）四三―四七頁。以下、〈法廷〉における事態の推移はすべて同書による。
(4) 沢井裕『公害差止の法理』（日本評論社、一九七六年）一頁以下。
(5) 沢井裕「差止請求の法的構成」『自由と正義』一九八三年四月号所収参照。
(6) 淡路剛久「公害・環境問題と法理論（その四）」『ジュリスト』八四〇号所収参照。
(7) 加藤一郎『公害法の生成と展開』（岩波書店、一九六八年）一三頁。なお、加藤『民法における論理と利益衡量』（有斐閣、一九七四年）に収められた「『環境権』の概念をめぐって」も参照。
(8) 大阪弁護士会編『環境権』（日本評論社、一九七三年）所収の諸論文参照。
(9) 以下の伊藤真の主張はすべて、伊藤真『民事訴訟の当事者』（弘文堂、一九七八年）による。
(10) 沢井・注（4）二二四頁。
(11) 伊藤・注（9）一一九頁。
(12) 同右書・一二一頁。
(13) 井上治典「書評・伊藤真著『民事訴訟の当事者』」『民商法雑誌』七九巻六号所収参照。

(14) 井上正三「訴訟内における紛争当事者の役割分担」『民訴雑誌』二七号所収参照。
(15) 福永有利「訴訟機能と当時者適格論」『民訴雑誌』二七号所収参照。
(16) 水谷暢「紛争当事者の役割」新堂幸司編『講座・民事訴訟3・当事者』(弘文堂、一九八四年)三一一頁以下。
(17) 井上治典『多数当事者の訴訟』(信山社、一九九二年)一九七頁以下。
(18) 井上・注(13)参照。
(19) 伊藤・注(9)二二〇頁。
(20) 伊藤真「紛争管理権再論」竜嵜喜助先生還暦記念『紛争処理と正義』(有斐閣、一九八八年)二〇三頁以下。
(21) 川嶋四郎「環境民事訴訟の現状と課題」『ジュリスト増刊・環境問題の行方』所収参照。
(22) 伊藤・注(9)一三八—一三九頁。
(23) 田中成明『現代社会と裁判』(弘文堂、一九九六年)二〇二頁以下。
(24) 以下の谷口安平の主張はすべて、谷口安平「権利概念の生成と訴えの利益」新堂幸司編『講座・民事訴訟2・訴訟の提起』(弘文堂、一九八四年)一六三頁以下による。
(25) 同右論文・一六八頁以下。
(26) 同右論文・一七四頁。
(27) 同右論文・一七八頁以下。
(28) 田中・注(23)二〇七頁。
(29) 以下、井上有一による「市民」の考え方は、井上有一「エコロジストって誰?」槌田劭ほか編『共感する環境学』(ミネルヴァ書房、二〇〇〇年)九六頁以下、および同「民主的であることの正しさ」白鳥紀一編『物理・化学から考える環境問題』(藤原書店、二〇〇四年)一九一頁以下による。
(30) 高木仁三郎『市民の科学をめざして』(朝日新聞社、一九九九年)二六頁以下。
(31) 松下『暗闇の思想を』第二章。
(32) 松下・注(3)三二一—三三三頁。
(33) 松下竜一『環境権の過程』(海鳥社、二〇〇八年)一七一頁以下。
(34) 以下、吉野川可動堰建設問題について、井上「民主的であることの正しさ」参照。

（35）　同右論文・二二三頁以下。

（36）　以下、井上達夫と名和田是彦の論争については、井上達夫ほか『共生への冒険』（毎日新聞社、一九九二年）終章参照。「まちづくり」に参加民主主義が不可欠なことは、田村明『まちづくりの発想』（岩波書店、一九八七年）でも指摘されていた。

（37）　松下・注（3）二二八頁以下。

第五章　白神山地のマタギと石垣島白保のオバア——共同体的人間像と近代市民法的人間像

1　白神山地と青秋林道建設問題

白神山地とは、秋田県と青森県にまたがる約六万五千ヘクタールの山地帯の総称である。暗門の滝・景勝地一二湖・尾太鉱山跡などで著名であるが、開発が遅れたこともあり、広大な天然ブナ林が残されていた。白神山地に生息するニホンカモシカ・クマゲラ・イヌワシ・ヤマネは天然記念物として、文化財保護法により保護されている。白神山地に共有林を有する青森県西目屋村住民は、ゼンマイやタケノコのような山菜やマイタケ・ナメコ・ムキタケのようなキノコ類の採取・販売などによって現金収入を得ていた。山菜については、「手で折るもの」と「刃物で採るもの」の区分が採り方のルールによって定められ、「根こそぎ採らず一本は残すこと」や「一度採った所からは二年間採らないこと」などが自然資源コモンズを管理するルールとして徹底していた。

西目屋村は、目屋マタギの本拠地であった。関東以北の山間部に集落をかまえ、狩猟技術や信仰儀礼を豊かに伝承しているマタギは、クマ・タヌキ・ウサギ・ムササビ・ヤマドリなどを捕獲する狩猟者集団であるが、山菜・キノコなどの採取、サケ・マス・アユ・カジカなどの川魚釣り、薪炭づくりなどにも携わっており、森林の自主的管理・利用者と見なすことができる。西目屋村の砂子瀬集落の場合、「誰がクマを仕留めても、その肉はグループ内で平等に分配する」というルールがあった。腹痛・気付け・強壮に重宝されるクマの胆は、漢方薬用に売却した現金をグループに属する全員で分けた。クマの毛皮はグループの一人が持ち回りで貰い受けるか、希望者が格安に引き取ることが慣行となっていた。山にはマタギ小屋が全部で一〇ヶ所ほど存在していたが、五年に一度はグループ全員で修理し、共同で使用していた。また、赤石川流域の人々は、漁業協同組合という近代市民法的人間を前提とする組織になじめず、従来の入会慣行的な形で漁撈に携わっていた。

それゆえ、山菜・キノコなどの採取、クマ・タヌキなどの狩猟、サケ・マスなどの漁撈について、過度の利用を回避したり、採取者間・狩猟者間の争いを防止するためのルールが共同体的人間である白神山地に生きる人々の生活を支配していた(1)。

白神山地と人間の関わりで注目されるのは、鉱山の存在である。井上孝夫によれば、西目屋村のマタギが「カチズミ沢」と呼ぶ沢は「鍛冶炭の沢」であり、「カネマサコ（の沢）」と呼ぶ沢は「カネ（鉄）マサゴ（真砂）（の沢）」であったと考えられる(2)。

一九六〇年代、森林に生きる共同体的人間であった村民の生活は一変する。一九五九年に完成した目屋ダムや開発が進んだ尾太鉱山には、多くの村民が新たな働き口を見出した。また、弘西林道が開通し、広葉樹天然材の伐採および人工林化の事業が大規模に展開され、林業関係の雇用も拡大した。国のエネルギー政策が石油中心へ転換したこともあり、これまで村の基幹産業であった薪炭生産は必然的に消滅する運命にあった。

山菜・キノコ・クマ・タヌキ・サケ・マス・薪炭などの自然資源コモンズで支えられていた村民たちの伝統的な

生活形態は解体し、資本主義経済の地域への浸透により共同体的人間から近代市民法的人間（ないし現代社会法的人間）への変身を求められた人々は、次々と山から遠ざかっていった。

ところが、村民たちの期待を集めた尾太鉱山は経営が急速に悪化して一九七八年に閉山に追い込まれ、また自然保護の観点から林業関係の事業も次第に後退を余儀なくされるに至った。青秋林道の計画がもちあがったのは、そのような変革期であった。秋田県八森町は、一九五八年に既に白神山地の奥地資源踏査を行ない、林道建設可能ルートを探っていたが、一九七八年になって、八森・西目屋・鯵ヶ沢・岩崎の四町村で「青秋県境奥地開発林道開発促進期成同盟」が結成された。一九八一年、国（林野庁）が青秋林道の事業計画を承認し、それを受けて青森・秋田両県は青秋林道の全体計画をまとめた。青森・秋田の両県を事業主体とする青秋林道は、白神山地の主稜線近くを開削しながら両県を結ぶ全長二九・六キロメートルの民有林林道として計画されたが、総事業費の約三二億円はその半分以上を国（林野庁）が支出することになっていた。

土屋俊幸は、「〔西目屋村の砂子瀬、川原平の〕二集落の住民は、目屋ダムが建設される際の水没補償の一部として、水没山林の代替地を大川沿いの国有林内三ヶ所に取得していた。その所有地から木材等を伐採して搬出するためには林道が必要だったのである。計画路線から若干の路線変更で、かねてから住民念願の林道が実現する。二集落の住民や村当局がこの話に飛びついたのは、ごく自然の成り行きだった」(3)と言う。西目屋村（＝青森県側の起点）はもちろん、基幹産業の漁業がハタハタ漁の不振で苦しんでいた八森町（＝秋田県側の起点）も、この計画に賛成した。西目屋村の住民で、林道建設反対を訴えたのは、二人のマタギだけであった。

一九八二年夏以降、既設の林道を延長するかたちで工事は着々とすすめられ、原生林の手前にまで至った。もちろん、反対運動も起こった。「秋田自然を守る友の会」と「秋田県野鳥の会」は秋田県に、「青森県自然保護の会」

と「日本野鳥の会弘前支部」は青森県に、それぞれ青秋林道建設の中止を求める要望書を提出した。翌年、自然保護議員連盟や日本自然保護協会などが白神山地の現地調査を行ない、一九八五年には哲学者の梅原猛などが参加した「ブナ・シンポジウム」が秋田市で開催される。

……このシンポジウムが自然保護運動家、研究者、行政担当者などのブナ林関係者の総結集という性格をもつものであり、ブナに関する総合的な論点が提出されたという点で、開発と保存をめぐる今後の議論の出発点を与えたという意味をもつだろう。一方的に自然保護を主張するのではなく、多面的な議論を提出し、しかも開発側を巻き込むかたちで行なわれたシンポジウムの開催形式は「秋田方式」と名づけられ、その後の自然保護運動への指針を与えるものとなった。(4)

シンポジウムをこのように総括する井上孝夫は、その運営委員を務めた奥村清明の「シンポ終了後、今まで白神の問題にかかわって来た人々は自分の住む地域であたたかい目で支援されるようになった。まわりの目が違って来たのである。激励の声はいたる所で聞く」という言葉を紹介している。このシンポジウムによって青秋林道建設反対運動は大きな力を得たが、開発行政側の反応は鈍かった。その後、衆議院環境委員会、参議院環境特別委員会、日本弁護士連合会公害対策・環境保全委員会などが次々と青秋林道を視察したこともあり、青森県営林局は赤石川流域の伐採の五年間凍結を決定し、秋田県営林局は白神山地秋田県側の伐採面積を縮小することを発表するが、青秋林道の建設方針は依然として変わらなかった。

ところが、一九八七年、青森県が青森県鯵ヶ沢町の赤石川水源涵養保安林の指定解除手続きに入ったところ、シンポジウムでブナ林保護について関心が高まっていたこともあって、地元の赤石川流域住民の約一〇〇〇通を含む一万三二〇三通もの異議意見書が寄せられ、県当局を驚愕させる事態が起こった。その結果、建設推進の方針を変えなかった青森県知事自身が、いわゆる「工事継続慎重発言」を行なって青秋林道建設のメリットについて疑問を投げかけることになり、これを契機に林道建設事業は完全に行き詰まってしまう。そして、一九八九年、国（林野庁）は、多数の異議意見書を提出する作戦を「数の暴力」と批判するものの、白神山地を森林生態系保護地域に指定し、翌年、建設予定線を含む部分に「原則として人為を加えない」森林生態系保護地域を設定したことによって、青秋林道の建設は正式に中止となるのである。ただし、畠山武道が指摘するように、保安林指定解除問題で苦汁を嘗めた国（林野庁）は、直接の利害関係者であることを証する書類を添付しない異議意見書を却下できるように、森林法施行規則一七条を改正（＝改悪？）してしまったのである。[5]これも、「民主主義の誤作動」への対処ということなのだろうか。

その後、一九九二年、白神山地は自然環境保全地域にも指定され、日本政府は、ユネスコ世界遺産委員会に白神山地（と屋久島）の登録を申請する。翌年、世界遺産委員会は白神山地の世界遺産指定を決定するが、ここで浮上してきたのが、白神山地への入山規制問題である。

2　白神山地への入会規制

鬼頭秀一は、白神山地への入山規制問題について、①「原生自然の保護」の普遍的妥当性、②「自然とのかかわり」の意味、③地域における考え方の差、という三つの論点を提出している。すなわち、世界遺産白神山地の原生ブナ林と言っても、「完全に手つかずで人間の手が入っていないところはほとんどない」のである。それゆえ、マタギや山棲みの人々の「山菜やキノコを採ったり、釣りをしたり」という生活の営みの中で、「自然とのかかわり」

は続けられてきた。そして、この「自然とのかかわり」を重視するか否かで、青森県側の人々と秋田県側の人々との間に、入山規制についての対応に関して、大きな差が存在したのである。(6) そのスタンスの違いは、秋田県側の保護運動の中心人物である鎌田孝一と、青森県側の保護運動で主要な役割を果たした根深誠との、次のような対談からも明らかであろう。(7)

鎌田――私の住む藤里町では、保存地区の立ち入り禁止を歓迎しています。というのも、保存地区の粕毛川源流地区は町の水源にあたり、水の問題はわたしたちにとって切実だったからです。もともと青秋林道に反対する運動が町全体に広がっていったのは、年々進む伐採によって川の流量が減り、農業用水の確保さえむずかしくなったのがひとつのきっかけだったんですから。それに、粕毛川源流は本来、急峻で山深い所で、町の人はキノコや山菜を採るにしてもそんな所まで入っていないんです。保全利用地区や他の山林でも、充分に採れますから。私は森林生態系保護地域の設定委員会に参加して、地元説明会にも出席しましたが、立ち入り禁止反対を訴える人はだれもいなかったんですが……。

根深――「登山者の自由を奪う」と、一般論で立ち入り禁止に反対している人もいますが、やはり地域性も無視できない。画一的に、そこに入っていいとかわるいとかいえる問題じゃないんです。私は、青森県側の設定委員会に参加しましたが、その中で保存地区の全面立ち入り禁止には反対する姿勢をとってきました。でも、それはマタギや山棲みの人たちを含めた山村文化の保存のためであって、一般の人の楽しみのためではありません。……

この三年後にも両者は対談するが、鎌田は入山規制論を、根深は入山規制慎重論を依然として主張することになる。井上孝夫は、「[鎌田の主張と根深の主張は]妥協が可能なようにも思われるが、双方の立論の根底にある思想の枠組みは全く異なっている」と指摘する。「その違いは、鎌田の原則禁止論が実質において行為主体を外部から統制することにならざるを得ないのに対し、根深の原則自由論は行為主体の自己責任の論理を尊重している点に存在する」(8)。この井上の整理は明快であるが、近代市民法的人間像のみを視野に入れている点で、一面的なものとなっている。むしろ、根深が、「マタギや山棲みの人たちを含めた共同体的人間が守ってきた山村文化の保存」を重視している点が、注目されなければならない。

鬼頭は、共同体的人間による自然資源コモンズ利用にも配慮しつつ、次のように論じている。

青森県側の赤石川流域地区では、伝統的な自然とのかかわりのあり方が、かなり崩れてしまったものの、いまもなお残っている。薪炭共用林野という形で薪炭の入会が従来から残っており、利用している人たちがいる。また、山菜やキノコ採取に関する入会である普通共有林野の管理のあり方が、集落による共同の管理という形で残っている。自然とのかかわりのあり方が、地域の文化や、共同体における人間のつながりと関係をもっているのである。それに対して、秋田県側の藤里町ではそのような伝統的な自然とのかかわりというものを積極的に近代化する方向で来た。そのことによって入会慣行も近代的な制度へと転換したし、それゆえに、普通共有林野の管理も、基本的には行政単位である「町」がかかわる形で行なわれており、そこでは、集落を中心とした狭い地域の文化や人間のつながりというものが意識的に排除され、その意味ではすでに「入会」とは呼べない近代的制度になっている。その結果、今まで歴史的なかかわりがなかった地区でも山菜を採る権利も生じている。そのような事情を背景として、普通共有林野の設定から白神山地の中核部分が控除されることもそれほど抵抗がないし、また、コア・エリアに対する入山禁止が打ち出されてもとくに反対は出ないくらいのかかわりの程度になっている。自然保護に関しても、近代的な意味での自然保護の観念で白神山地の保護を捉えようとする傾向が強くなっている。「遺伝子プール」を保存するということがしばしば表明されるのもその現れである。(9)

自然資源コモンズである山菜やキノコは、基本的には共有林野共用者でなければ採ることは許されていないが、共用者以外の人々を実質的に排除することはできないため、共用者側は様々な方法を用いてその保護・管理を行なっている。とくに最近、共用者以外の人々が自然資源コモンズを採取することが多くなったため、共用者との間でトラブルが多発したこともあり、青森県と秋田県は、国（林野庁）の指導のもとに入山料の徴収を行なっている。

青森県側では、山菜やキノコという自然資源コモンズの保護・管理のため、比較的低額の入山料を協力金として徴収している。協力金の管理は、地元の監視人が、その協力金の一部を経費として受け取ることを条件に半ばボランティア的な形で対応している。しかし、くろくまの滝などの観光スポットが共有林野の中に存在しており、単なる観光客と山菜やキノコの採取者の区別がつきにくいこと、および、赤石川上流に旧弘西林道が通っており、その上流区域に関しては林道を通って自由に出入りできることもあって、入山料はほとんど形式的なものにとどまり、その徴収の比率も高くはない。他方、秋田県側では、一九八七年から「普通共有林野運営協議会」が設置され、町・町議会・消防団・森林組合・自然保護指導員・学識経験者・共用者の代表によって、青森県側と比べると高額の入山料を徴収するなど、その組織の合理的な運用がなされている。

両県では、山菜やキノコ採取者の遭難者が出たときの対応についても相違が見られる。青森県側では、その山に詳しい営林署職員を含む林業関係者や消防団員などが捜索に携わる。昔は農業に従事していた人がほとんどだったが、最近では兼業農家が増えたこともあって、しばしば会社や役所から休暇を取って遭難者捜索に出ることもあるという。しかも、救助した側からは、積極的に捜索にかかった経費すらも請求していない。他方、秋田県側では、山に詳しい営林署の職員が捜索に出ると、営林署の仕事として時間外手当を支給し、営林署の側から遭難者に対して捜索にかかった経費を請求している。

以上の比較検討から、鬼頭は次のように整理している。「青森県側では、入山料の徴収や保護のあり方、遭難者に対する捜索に至るまで、昔の共同体での対応、処理のやり方をそのまま踏襲している」が、共同体意識の希薄な秋田県側では、入山料の徴収や保護の問題、そして遭難者の捜索の問題を、「近代的に整備された法体系とそれを

支える制度の中」で事務的に処理しているのである。(10)

土屋俊幸は、「青森県側の伝統的な自然資源コモンズ利用は決定的に崩壊しつつあるように思える」(11)と述べ、鬼頭の見解に疑問を投げかけているが、両県の姿勢を対置する鬼頭の図式が今もなお妥当していると仮定すれば、白神山地への入山規制問題に関する鎌田孝一の主張と根深誠の主張の対立は、近代市民法的人間像を前提に合理的な組織を構成する秋田県の立場と共同体的人間像を前提に伝統的な仕組みを維持する青森県の立場の相違とパラレルなものと考えることができる。

3　石垣島白保と新空港建設問題

ユーラシア大陸の東端に弓なりの弧をえがく琉球列島の島々は、美しいサンゴ礁に縁どられ、数多くの列島固有種が確認される生物学上の宝庫である。特に沖縄本島から約四〇〇キロメートル南西に位置する八重山群島の一つである石垣島は、北半球最大規模のアオサンゴ群落の存在で有名である。石垣島は八重山群島の政治・経済・交通の中核であり、島の東部の白保地区はサンゴ礁が発達し、あたかも天然の防波堤のような機能を果たして、島を荒海の大波から守っている。(12)熊本一規は言う。

海岸から数百メートルのところに珊瑚礁と海との境界があり、その内側は引潮のときには歩いて渡れるほどの浅い湖となる。「イノー」とよばれる珊瑚礁湖である。……石垣島白保では、オバア（石垣のことばで「婦人」という意味）たちが地元のイノーでアオサ・モズクなどの海藻や貝を採っている。オバアたちがイノーで海藻や貝を拾っている風景は、じつにのどかである。船も網もいらず、小さな熊手ひとつでだれもができる。自然の恵みを自分のリズムで享受できる豊かな労働である。海藻や貝は独自のルートで売りさばく。オバアたちの主たる収入源であり、「これで息子を大学にまでやったよ」とほこらしげに語るオバアも少なくない。[13]

一九七〇年、琉球政府（当時）は石垣島にある現空港拡張計画を発表したが、七二年の本土復帰後、石垣市は沖縄県に対して、ジェット機が離着陸できる新空港の建設を要求する。一九七九年、新石垣空港建設促進会議が発足し、白保東海域を建設地に決定する。ところが、白保住民の自治・行政組織である白保公民館は、新石垣空港建設について全会一致の反対決議を行なったのである。白保には陸軍飛行場が存在していたため、戦時中、アメリカ軍から激しい空襲を受け、白保住民は避難を余儀なくされたという経緯があった。しかも、避難した住民の多くはマラリアにかかり、犠牲者もでた。戦後、とくに戦争で夫を失ったオバアたちは、避難先から戻っても食べ物はなく、イノーで自然資源コモンズであるアーサなどの海藻を採り貝を拾って飢えをしのいだ。アーサ採りで現金収入を得たからこそ、オバアたちは、「これで息子を大学にまでやったよ」と誇らしげに語るのである。家中茂の言うように、『海は部落のいのち』という言葉が、比喩ではなく、まぎれもなく経験された事実として語られているのである[14]。

しかし、一九八〇年六月、八重山漁協は、総会において、定数不足の異常事態のまま、圧倒的少数者である白保住民の反対を押しきり、四億五〇〇〇万円の補償金の支払いと引きかえに、白保東海域の漁業権放棄を可決してしまう。

この事態を受けて、白保公民館は新石垣空港建設阻止委員会を結成する。阻止委員会は、運輸省（当時）に白保住民の九二％の反対署名を添えて反対を直訴するが、翌年三月、運輸省は新石垣空港の設置を許可するのである。一九八三年になり、石垣市で「空港問題を考える市民の会」、那覇市で「沖縄・八重山・白保の海とくらしを守る会」、東京で「八重山・白保の海を守る会」が次々に発足するが、その間、八重山漁協は沖縄県と漁業補償確認書の調印を済ませてしまう。

一九八四年三月九日、白保の漁民三三名は、漁業権の確認を求めて那覇地裁に提訴を行なう。そして、一九八五年三月、「日本生態学会」大会が、世界遺産条約で白保海域を保護することを決議したこともあり、白保海域のサンゴ保護の問題は、「クストー協会」、「世界サンゴ礁学会」、「世界野生動物基金」の各関係者が注視する国際問題となったのである。

しかし、沖縄県は、機動隊（および海上保安庁）を導入して現地調査を強行し、これを阻止しようとした反対派の白保住民を威力業務妨害罪で逮捕し、その逮捕に抗議した住民も公務執行妨害罪で逮捕する。そして、その三年後、環境補足調査を強行した際も、反対派住民と弁護士を逮捕したのである。那覇地裁も、一九八五年一二月二四日、漁業権確認訴訟で、「原告に訴えの利益なし」という原告敗訴の門前払い判決を下したのである。

鵜飼照喜は、一九八四年、建設賛成派の一部住民が「白保第一公民館」を結成し、それを石垣市教育委員会が受理したため、公民館が分裂したことに注目する。

教育委員会としては、新空港問題で、地域社会のなかで対立が生じ、政治的問題にまでなっている状況では、政治的対立について、公正で中立的な立場をとること、さらに、社会教育課の業務において、その対立が社会生活に亀裂をもたらさないように配慮するのが、本来の基本的な任務であると思われる。……〔ところが〕公民館の分裂を容認し、あまつさえ、その後「白保第一公民館」の活動に積極的に関与するに至っては、反対派をして、「市側が白保公民館を分裂させた」といわせてもやむを得ないであろう。実際、その後、白保の人々は、成人式、「種取り祭」、「豊年祭」という地域の伝統行事を、二つの公民館に別れて行なうようになった。建設賛成派が強引に「白保第一公民館」を結成し、地域を分裂させたことに憤慨した住民は、これまで曖昧な態度をとっていたことを反省し、はっきりと自己主張を行なうようになった。しかし同時に、濃い血縁関係のなかでの両派の対立はより一層深刻なものとなって、家庭のなかにまで暗い陰を落とすことになったのである。この対立関係は、親戚やいとこ同士から、親子・兄弟の間にまで広がっている。

白保中学校の生徒の間でも、「白保公民館派」と「第一白保公民館派」が互いにレッテルを張り合う状況が生まれ、教育関係者は、公民館の分裂・対立構造が固定化され、子供たちの中にもその構造が浸透していくことを、憂慮する事態にまでなったのである。(15)

一九八六年、経済アセスメント調査委員会が「新空港建設による経済的メリットはない」という報告書を発表したにもかかわらず、沖縄県は「新石垣空港問題懇話会」（座長・高良鉄夫琉球大学元学長）を発足させる。その「懇話会」は、どのような内容の審議をしたか全く公表しない密室審議のみで、現地調査を一回もすることなく、「白保海上案が最適であり、埋め立て予定地の主要なサンゴは周辺の適当な海域に移植すればよい」という提言を行なったのである。そして、この提言を承けて、同年七月、沖縄県は、「新石垣空港埋立事業に係る環境影響評価準備書」の縦覧を開始する。しかし、この頃から風向きが微妙に変化することになる。

一九八八年二月、世界各国の政府機関や自然保護団体など五九三組織が加盟する「国際自然保護連合」は総会で、「北半球最大で最古のアオサンゴや豊かなサンゴ群落の死滅を招く」として、新石垣空港建設計画の撤回を日本政府に強く求める決議を行なったのである。その直後、衆議院予算委員会で、堀内環境庁長官（当時）や石原運輸大臣（当時）も、「現計画ではサンゴ保護はできないから、白保の埋め立ては好ましくない。他に候補地がないわけではない」と発言した。しかし、沖縄県は、建設方針を変えず、「最新の工法を用いればアオサンゴの保全は可能である」と主張した。ところが、新奄美空港周辺海域の調査に基づき、「奄美の美しいサンゴは完全に死滅し、空港周辺海域はヘドロの海と化している」と発表されたこともあって、環境庁は、「新奄美空港の失敗は繰り返してはならない」という立場から、新奄美空港周辺海域および新石垣空港建設予定地海域のサンゴ礁の調査を精力的に行なうに至ったのである。

一九八九年四月、ついに沖縄県と環境庁は共同で建設予定地を北へ約四キロメートルずらすという計画変更を発表する。白保住民は、「新計画も白紙撤回すべきである」として反対運動の継続を表明する。翌九〇年一一月一八日、政治家による土地の不正取得問題も浮上してくる中、革新統一候補の大田昌秀が沖縄県知事に当選する。そして、次年度予算で白保海上案の予算凍結が決まる。だが、他の候補地を選定するための調査費が要求され、認められる。一九九一年、沖縄県は、前県政下で作成された「カラ岳東案」に関するデータを公表し、以後、この「カラ岳東案」に議論の焦点は移ることになる。ところで、この騒動の間、白保のオバアたちの意見は、政治的意思決定プロセスに適切に反映されたのであろうか。

4　オバアたちの(無)権利?

新石垣空港建設問題について考える場合、重要な意味をもつのはイノー(サンゴ礁湖)の存在である。本川達雄は、熱帯の海を、①生物の種類の多さ、②気候の安定、③生産力の高さという三点で特徴づけ、「地球上で最も多彩な生物相を持っているのが、陸では熱帯のジャングル(熱帯多雨林)であり、海ではサンゴ礁である」と指摘している。[16] 本川は、「海ではサンゴ礁」という表現を用いているが、サンゴ礁を「陸」とする見解も有力である。目崎茂和は、「沖縄のサンゴ礁は陸なのか海なのかといったとき、私は基本的に陸だと考えております。沖縄の島というのは、神様の入口と考えてもそうなんですけれども、サンゴ礁の干瀬（リーフのへリの高まり）が入口でございます。決してサンゴ礁は海ではございません。……島の面積をサンゴ礁まで含めますと、沖縄の面積は、二割、三割は増えます。サンゴ礁まで含めて沖縄は考えなければならないわけです」と述べている。(17) 同様に、谷川健一も、「干瀬の内は日常空間であり、干瀬の外側は非日常空間であった。……『干瀬の外』はもはや他界であり、島びとが生活するイノーは現世であった。沖縄の特徴は干瀬によって海が二重に仕切られ、現世と他界が一望に見渡せることである。これは、水平線まで遮げるもののない日本本土の海と著しく違う景観である……イノーは潮が引くと海底の州が露出し、ところどころに潮溜を作る。島民はそこで海藻を採り、貝を集め、タコや小魚を突いたりする。……イノーは、島民の日常生活と切っても切れない存在であり、海というよりも陸の延長とみてさしつかえなかった(18)」と指摘しているのだ。

沖縄では、琉球王朝時代から、漁船を使ってリーフの外洋での沖合漁業に従事する海人（ウミンチュー＝主に糸満を根拠とする専業漁民）と、垣（ないし魚垣）を利用した漁法（イノーのなかに浜に向かい口を開くようにU字型にサンゴ石を積み上げて潮の干満を利用して魚を獲る）を行なう半農半漁の陸人（アギンチュー）が区別されていた。白保のイノーで海藻や貝や小魚を採るオバアたちは、もちろん陸人に属する。

仲吉朝助は、一九〇三年、「漁場処分意見」において、次のように論じている。

本県各間切（村落のこと）島ハ古来其ノ地先海面ヲ自己ノ所有ノ如ク心得テ殆ト之ヲ占有シ他所轄人民ハ相当ノ報酬ヲ払フニアラサレバ漁場ヲ営ムコトヲ許サヽルルハ一般ノ慣例ナリ　而シテ此慣例ハ置県後ノ今日マテ持続セルヲ以テ苟モ漁業者ニシテ他間切、島ニ出稼スルニ当リテハ多クハ其ノ海面地先間切、島ト特約シ叶金ヲ払フコトヽナレリ……古来他ノ漁業者ニ抵抗スルヲ許スノ原因トナリタル所謂海雑物（海方切＝イノーからの魚獲物を藩庁などに納める「漁場年貢」）ナルモノハ置県ト同時ニ消滅スルニ至リタルハ今日ニ至リテハ一般ノ間切、島ノ海方切（イノーのこと）ハ海事事務ノ区域ニ過キスシテ昔時漁業権ノ原因タリシ事実消滅シタルヲ以テ単ニ海方切ノ存在スル理由ノミヲ以テ漁業権ヲ主張スルヲ得スト断定セサルベカラス　更ニ本県漁業ノ発達上ヨリ観察スルモ……将来猶ホ此ノ如キ慣例ヲ存続セシムレハ県下ノ漁業ハ永久振ハサルニ終ランノミ　故ニ漁業法施行ノ今日ヲ好機トシテ欺カル陋習ヲ打破スルハ漁政上一大要務ナルヘシ。

沖縄の場合、海方切と呼ばれたイノーは、「海の畑」として沿海村落によって占有されてきた。しかし、海雑物が廃藩置県とともに消滅したので当該村落はもはや漁業権を主張できなくなった。海方切＝イノーも漁業権の根拠となることはできず、これまでの慣習は沖縄県の漁場の発展という観点からも好ましくないので漁業法施行にあたって打破すべきである――仲吉はそう主張したのである。[19]

実際、海方切＝イノーは、自給用食糧の重要な採取の場として、沿海村落に居住するオバアら地先住民によって排他的に利用されてきた。浜本幸生が「弱い立場」に置かれていたという地区外の専業漁民[20]がイノーに入り込めるようになったのは、近代市民法的人間である専業漁民の育成を主たる目的として日本本土の漁業法が適用されるようになった戦後である。日本本土の漁業法を適用する形で琉球政府によって沖縄漁業法が制定されたのは復帰前の一九五二年で、復帰後の七二年の復帰特別措置法によって、沖縄漁業法の制定は現行漁業法に基づくものとする「みなし措置」がとられたのである。多辺田政弘は言う。

この戦後の沖縄漁業法と本土の漁業法のどちらの適用過程でも、琉球諸島沿岸リーフ内（イノー）に存在する入会慣行（漁業権としての入会権）については何ら清算されることなく、今日に至っている。このことは、二つの漁業法の施行に際して旧漁業権者に対する補償は行なわれていないことから明らかである。実態としても、……イノーの入会権は存在しているとみるべきである。……現実には、漁業協同組合が各集落の独自な海の利用慣行を無視して広域に設定され、逆に半農半漁の住民をイノーから排除するという過程が進行している。地先住民の生存権としてのイノーの入会権が何らの権利変更の事実もなく抹殺されてきていることこそが、沖縄の海の破壊と重大な因果関係をもっているのである。(21)

熊本一規も、半農半漁の陸人であるオバアたちがイノーから排除された事実について、次のように指摘している。

沖縄における漁業法の施行が仲吉の意見に全面的に従って行なわれたわけでは必ずしもない。村落を単位として漁業組合がつくられ、その漁業組合に専用漁業権が免許された例もある。……しかし、仲吉の意見に示されている行政の考え方が、明治以来、沿海村落の権利の度重なる軽視ないし無視につながり、その積み重ねの結果、現在のオバアたちの無権利状態がもたらされていることは間違いない。(22)

イノーの「入会権」(?)が存在している証拠として、多辺田は、垣(魚垣)による漁に着目する。白保のイノーには、親族ごとに一二ほどの垣が築かれたが、満潮時に浅瀬に海藻を食べにきた魚は垣に入ってしまい、干潮時に沖に戻ることができずに逃げ場を失ってしまう。そのような魚を棒や銛で突いて獲ることができたのは、その垣の一族に属している陸人のみであった。「これはみごとな『慣習上の物権』である。集落に明確に所属しているイノーの採取権(入会権)のなかに、親族ごとに確立した垣の採取権(利用権=慣習上の物権)が並存しているのである。まるで、集落の入会林野を背景に親族ごとの共同畑をもっているがごときである」(23)。実際、この垣(魚垣)による採取は、一九七〇年代まで行なわれていたのである。

新石垣空港建設の過程において、オバアたちの権利が無視されてしまっていることを最初に指摘したのは、玉野井芳郎である。イノーという特別の空間のある沖縄の海と本土の海は異なっているにもかかわらず、空港建設のための埋め立てをする場合、専用漁民の漁業権を補償しさえすればよいという本土の論理をそのまま適用するならば、

「〔イノーを〕共同利用している地域のひとたちからすると、われわれの海がいつの間にかなくなり、〔海人である〕漁業者は補償されているのに、〔陸人である〕自分らは全然補償されていない、というような結果」となるのだ。[24]かくして、「一方でオバアたちの権利が無視されるとともに、他方で埋め立てられても何の被害も受けない海人たちが補償金目当てに埋立てを歓迎するという構造」ができあがってしまったのである。ゆえに、今や、海人＝「強い立場」、陸人＝「弱い立場」とかつての力関係は完全に逆転してしまったわけである。

それでは、オバアたちは何の権利も有していないのであろうか。そうではない。例えば、玉野井は「入浜権と漁業補償」という言葉を用い、「〔『コモンズとしての海』を利用する人びとの〕入浜権の主張は、何よりもまずここ沖縄においてこそ主張されるべきものと考える」と論じている。淡路剛久は、入浜権には「一般公衆の自由使用の側面」と「地域住民による入浜慣行の側面」があると整理するが、ここで言う入浜権はもちろん後者である。他方、多辺田は、「地先イノーの入会権」という表現を用い、「イノーは入会の畑なのである」と主張している。同様に、新石垣空港建設とその社会経済的影響に関する調査委員会の『報告書』は、「入会権」説を採っている。また、白保を考える大阪弁護士の会『サンゴの海を明日の世代へ』は、「入漁権」説を唱えている。

しかし、熊本一規は、「民法が山林原野における権利だけを入会権としたことは、その成立過程から明らかにされている」として入会権説を斥け、「入漁権とは他地区の漁業権の区域の中に入ってその漁業権の内容である漁業を営む権利であるから、白保のオバアたちが白保の地先水面に入漁権をもつことなどあり得ない」として入漁権説も否定する。熊本は言う。

オバアたちの権利は共同漁業権である。じっさい、白保地先海面に設定されている沖縄第二四号共同漁業権には、ヒトエグサ（アオサ）、モズク、シャコガイ、タカセガイなどの海藻や貝を採る漁業が含まれている。では、共同漁業権とは何か。……江戸時代には、ムラ（村落共同体）が山林原野・漁場・用水・温泉を集団として支配し、そのもとで生産が行なわれていた。明治政府は、近代的所有権制度を導入した一方で、既存の山林原野・漁場・用水・温泉の支配秩序をほぼそのまま継承した。すなわち、山林原野にたいする支配権は、民法で「入会権」として法認された。漁場にたいする支配権は、一九〇一年（明治三四）漁業法により「専門漁業権」として、その後、一九四九年（昭和二四）の漁業法では「共同漁業権」として法認された……。したがって、共同漁業権……は、入会権ではないが、入会権と性質を同じくする入会権的権利である。

この共同漁業権は、サンゴ礁やイノーを「海」ではなく「陸」であるとする有力な見解が目崎や谷川によって提示されており、また、熊本自身が「入会権と性質を同じくする」と述べていることからも、ほぼ入会権と同一のものと考えることができよう。共同漁業権をもつとされる白保のオバアたちは「陸人」であったのである。

漁業権は、地先水面で共同漁業を行なっている関係地区漁民集団をして漁協をつくらせ、その漁協に共同漁業権の免許をするという原則をとっている。その原則からすれば、白保の海で採貝採藻を行なっているオバアたちのつくる漁協に共同漁業権を免許しなければならないはずである。ところが、沖縄県は、琉球王朝時代からの社会通念により、海人たちのつくった漁協に共同漁業権の免許をした。そのため、一方でオバアたちの権利が無視されるとともに、他方で埋め立てられても何の被害も受けない漁民たちが、補償金めあてに埋め立てを歓迎し、つぎつぎに埋め立てに同意する構造ができているのである。(25)

白神山地では、西目屋村のマタギたちの自然資源コモンズについての権利を尊重する青森県が共同体的人間像に定位する主張を展開するのに対して、遭難者に対して捜索にかかった経費を請求するという近代市民法的人間像を当然視する主張を秋田県が展開するという構図が存在していた。同様に、石垣島では、白保のオバアたちの自然資源コモンズについての権利を擁護する玉野井・多辺田・熊本らが共同体的人間像に定位する主張を展開するのに対して、補償金（経済的利益）めあてに埋め立てを歓迎するという近代市民法的人間像を肯定する主張を沖縄県が展開するという構図が確認できるのである。

5 二つの生態学的知識

白神山地では、赤石川中流域の「津軽沢」を境として、下流域では赤石マタギが、上流域では目屋マタギがそれぞれ活躍していた。根深誠は言う。[26]「マタギは、獲物を銃で撃ち殺すことにかけてはハンターと似ている。しかしハンターとちがい、信仰にみちた、山でのいろいろな作法を身につけている」。クマを獲った際の解体の儀式は、その典型である。目屋マタギは、仰向けにしたクマの頭を北へ向け、下腹部から咽喉にかけて一直線に皮を切り裂く。次いで、その切り口に向って手足の皮を切り裂いた後に、すべての皮をはいでいく。そして、「逆皮を着せる」と称して、はいだ皮の頭と尻尾を獲物の上で逆にして、「千マル、二千マル、三千マルまでとりかかる」と三べん唱えてから獲物を解体する。この「ケボカイ」と呼ばれる儀式に際して、次のような唱文がとなえられるという。「マツマンザブラサマ、トウナイノナニクライ、ナニガヘリ、カケマシテ、アンモンノタキヘトビコンダ（暗門の滝へ飛び込んだ）」。解体は、左側のエダ（手足）を切り落としてから右側のエダ（手足）を切り落し、次いでサグリ（胸部）を切り裂き、そこからサンベン（心臓）を取り出す。この時、解体しているマタギが「サンベンひらく」というと、周りのマタギが「よしよし」と相槌をうつ。それを聞きとどけて、マタギがサンベン（心臓）を十文字に切り開くことにより、クマは完全に死んだと見なされる。

この解体作業が終わると、次は、クロモジの枝かサワグルミの枝を用いる「タナギ串」あるいは「モツ串」と呼ばれる儀式が始まる。すなわち、「串」すなわち三本の枝で、顎肉と心臓と肝の肉をそれぞれ刺して、火であぶってから、「一にタタキ場の神様。二に暗門、高倉、ミノシ崎、ナメクラ、七崎、ジュウトク様。三に一二山の神にあげます」と唱えるのである。マタギが「タタク」というのは獲物を仕留めることを意味するから、「タタキ場」というのは獲物を仕留めた場所のことである。暗門・高倉・ミノシ崎・ナメクラ・七崎はすべてジュウトクという目屋マタギの先祖にまつわる地名である。ジュウトク様とは、目屋マタギの神様であるが、彼には次のような伝説がある。

ジュウトクは、ある日、二匹の愛犬をつれて「七崎の倉」で猟をしていたが、何故かまったく獲物がない。ふと後ろを振り返ると、ジュウトクが浮気をするのではないかと心配して追いかけてきた女房の姿を見つけた。その姿を見たジュウトクは、悲嘆にくれ、怒り狂い、飛神となって尾根をとびこえ、「ジュウトクの沢」に舞い降りたのである。今でも、この「ジュウトクの沢」から奥地は女人禁制となっている。慣習・倫理・習俗・宗教・伝統と結びついたマタギの戒律の中では、女人禁制がとくに厳しい。色事の夢を見ることも許されず、そのような「迷い」の時は、マタギは水垢離をとって身を清める習わしがあった。獲物を仕留めた感謝の気持ちを、マタギは、タタキ場の神・ジュウトク様（先祖神）・一二山の神という様々な神に示すのである。

根深が愛情のこもった筆で描き出したマタギの行動を評価する場合、いわゆる「伝統的な生態学的知識（Traditional Ecological Knowledge：TEKと略）」の意義が正確に認識されなければならない。大村敬一によれば、カナダでは、一九七〇年代後半に自然資源コモンズの管理に極北圏の先住民族であるイヌイットが参加する共同管理制度が芽生えて以来、資源の「保全」に関する近代科学の「科学的な生態学的知識（Scientific Ecological Knowledge：SEKと略）」

だけでなく、共同体的人間であるイヌイットのＴＥＫを共同管理に活用することの重要性が認識されるようになった。ＴＥＫは単なる知識体系としてではなく、過去数百年にわたって極北の環境に適応してきた先住民の（民俗分類体系・生態系の動態的なプロセスに関する知識・世界観・宗教・呪術・芸術・生業技術・禁忌などを含む）知識・信念・実践の統合的体系として定義され、近代科学と肩を並べるもう一つのパラダイムとして語られるに至った。

つまり、かつてはＳＥＫより劣った「未開」のものと見なされていたＴＥＫは、今日では、欧米の近代科学の基準における狭義の「自然」環境についてだけでなく、「社会」や「超自然」をも含むかたちで共同体的人間に把握されている環境全体について、過去何世紀にもわたる環境との相互作用を通して当該共同体的人間がそれぞれに鍛え上げてきた知識・信念・実践の統合的体系の総称であり、自然資源コモンズの「保全」を目指す欧米の近代科学とは異なっているが、知的所産としては近代科学とは対等な世界理解のパラダイムとして評価されるようになったのである。キリスト教とデカルトのクリティカの流れを汲む欧米近代の自然観では「自然・対・人間」という二元論が自明視されるのに対し、共同体的人間はしばしば「自然化された人間」ないし「人間化された自然」のように自然と人間を切り離さずに一体的な全体として捉える一元論的な世界観をもっている。アイヌの「カムイ」観はその典型であると言えよう。(27) 鬼頭秀一の言葉を用いて言えば、二元論を前提とする近代市民法的人間が自然と「切り身」の関係のみをとり結ぶのに対して、一元論を前提とする共同体的人間は自然と「生ま身」の関係で結合しているのである。それゆえ、ＴＥＫからすれば、イヌイットの「イヌア（精霊）」が非合理的な概念ではないように、アイヌの「カムイ」やマタギの「神々」も単なる神話や迷信ではないのである。

このように整理するとＳＥＫとＴＥＫは共約不可能なもののような印象を与えるが、秋道智彌は、「ＳＥＫとＴＥＫはまったく異なった（重ならない）性質のものではなく、本来、人間が自然認識と利用に関して育んできた

図４　SEK と TEK

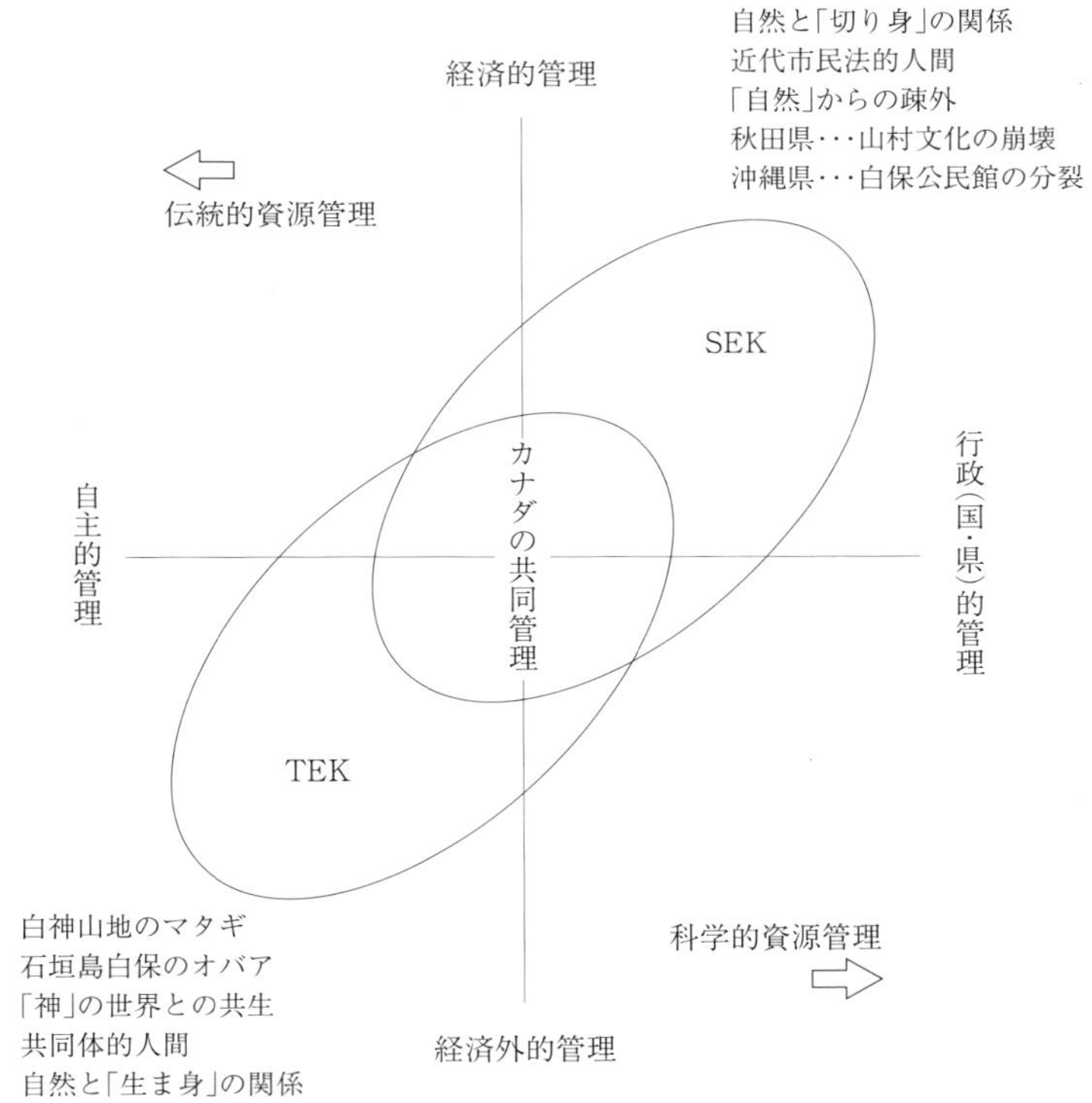

知の体系として、ある程度の重なりをもつものと考えたい」と述べる。[28] そして、ヨコ軸にはＳＥＫかＴＥＫかという管理の基礎となる知識を指標とし、タテ軸には資源管理による経済効果を指標とする概念図を作成している。その図を参考に法的人間像を関連づけて改めて整理・修正したのが図４である。ＳＥＫと結びつく近代市民法的人間を前提とする秋田県や沖縄県の管理のあり方と、ＴＥＫを所有する共同体的人間である白神山地のマタギや石垣島白保のオバアの管理のあり方は、ちょうど一八〇度回転した位置にあることが分かる。

白神山地のマタギや石垣島白保のオバアの世界では、目屋マタギや赤石マタギという複数のマタギ集団あるいはイノーに垣（魚垣）を築く複数の垣の一族は、それぞれの「なわばり」を定めるルールをもっていた。また、自然資源コモンズに関し、その利用を禁止する期間を定め、ある特定の時期だけに利用を解禁するというルールも定めていた。さらにクマについて言えば、クマの肉・クマの毛皮・クマの胆の利益の配分に関して、経済的な平等が実現するようなルールが存在していた。このような自主管理のルールは、様々な「神々」を信仰しつつ自然と「生まれ身」の関係をとり結ぶマタギやオバアの有するＴＥＫによって正当化され、自然資源コモンズの持続的な利用・集団内部の経済的な平等・集団間の平和的な秩序維持などの重要な機能をになったのである。他方、ＳＥＫのみを重視する行政的管理は、経済的利用を追求する近代市民法的人間を前提とする秋田県や沖縄県によって実施され（ようとし）たが、それはマタギやオバアの「神々」への信仰を尊重することなく自然と「切り身」の関係のみをとり結ぶことで満足した結果、根深誠や鵜飼照喜が憂いたように「自然からの人間の疎外」および「人間からの人間の疎外」が惹き起こされ、マタギが伝えてきた山村文化の崩壊やオバアが集う白保公民館の分裂という悲劇的な事態を招いてしまったのである。自由であるがゆえに打算や対立を行なわざるをえない存在となった人々は、人間―自然系において自然の有機的連関を破壊し、自然を疎外しつつ自然から疎外されていくと同時に、人間―人間系において共同体の共通善に基づく絆を切断し、共通感覚という人間的自然を疎外しつつ人間的自然から疎外されていくことになったのである。[29]

（1）以上について、土屋俊幸「白神山地と地域住民」井上真ほか編『コモンズの社会学』（新曜社、二〇〇一年）七四頁以下参照。
（2）井上孝夫『白神山地の入山規制を考える』（緑風出版、一九九七年）一一二頁。
（3）土屋・注（1）八五頁。

（4）井上孝夫『白神山地と青秋林道』（東信堂、一九九六年）三六頁。
（5）畠山武道『自然保護法講義（第二版）』（北海道大学出版会、二〇〇一年）八八頁。
（6）鬼頭秀一『自然保護を問いなおす』（筑摩書房、一九九六年）一七四頁以下。
（7）鎌田孝一＝根深誠「（対談）白神山地の入山規制について」『山と渓谷』一九九二年一月号所収参照。
（8）井上・注（2）七七頁以下。
（9）鬼頭・注（6）二一七頁以下。
（10）鬼頭・注（6）二一七頁以下。
（11）土屋・注（1）九二頁。
（12）目崎茂和『石垣島・白保・サンゴの海（増補版）』（高文研、一九八九年）。
（13）熊本一規「海はだれのものか」秋道智彌編『自然はだれのものか』（昭和堂、一九九九年）一四〇頁以下。
（14）家中茂「石垣島白保のイノー」井上真ほか編・注（1）一三四頁。
（15）鵜飼照喜『沖縄・巨大開発の論理と批判』（社会評論社、一九九二年）一四六頁以下。
（16）本川達雄『サンゴ礁の生物達』（中央公論社、一九八五年）七頁。
（17）目崎・注（12）など参照。
（18）谷川健一『渚の思想』（晶文社、二〇〇四年）一四五頁以下。
（19）多辺田政弘『コモンズの経済学』（学陽書房、一九九〇年）二四五頁以下、熊本一規『持続的開発と生命系』（学陽書房、一九九五年）一九一頁以下。
（20）浜本幸生『海の「守り人」論』（れんが書房新社、一九九六年）一八五頁。
（21）多辺田・注（19）二四五―二四六頁。
（22）熊本・注（19）一九二頁。
（23）多辺田・注（19）二四七頁。
（24）玉野井芳郎「コモンズとしての海」中村尚司ほか編『コモンズの海』（学陽書房、一九九五年）九頁。
（25）熊本・注（19）八五頁。
（26）以下のマタギについての叙述はすべて、根深誠『白神山地をゆく』（中央公論社、一九九八年）による。

(27) 大村敬一「カナダ極北地域における知識をめぐる抗争」秋道智彌ほか編『紛争の海』(人文書院、二〇〇二年)一四九頁以下。
(28) 秋道智彌「序・紛争の海」秋道ほか編・注(27)一八頁以下。
(29) 藤原保信『政治理論のパラダイム転換』(岩波書店、一九八五年)八四頁以下。

第六章　小繫事件訴訟——近代的所有権を制約する本源的所有権

1　小繫事件とは何か？

小繫事件訴訟は、岩手県北部にある小繫山と総称される入会地をめぐって、一九一七年から約五〇年間、様々に形を変えながら繰り返された一連の訴訟である。(1) 小繫部落は、訴訟の対象となった入会地を含めて約二〇〇〇町歩の山林にかこまれた寒村であり、戦後の訴訟時においても、総世帯五三戸で七町六反の水田と一八町三反の山畑を耕作していたにすぎなかったから、多くの農民は出稼ぎ・行商・土木などによって生計を立てざるをえない状況であった。それゆえ、一六〇町歩におよぶ入会地の利用こそが、小繫の人々の生計を可能にする唯一の物的条件であった。この小繫山は、明治初年の地租改正に伴う土地官民有区分に際しては民有とされ、山守であった地頭のＴ名儀で地券が下附されたが、小繫山が従来通り農民にとって入会地として利用する村山であるという実態に何ら変化を生じなかった。その後、小繫山の所有名儀はいったん他村のＡら三名による共有となり、これを金貸しＢが買い受け、更に明治四〇年に至って茨城県のＫに移った。

新たに小繋山の所有名儀人となったＫは、「ほど久保山」と呼ばれる小繋山の一部を陸軍省に売却する一方、植林事業を開始し、その必要上、農民による従来の山野利用方法を一変しようとし、「(昭和七年、盛岡地裁判決の認定事実によれば) 生立木の採取についてはＫの許可を求める等、従来の入会慣行は所有権者との契約にもとづく制限せられた債権関係に改められた」とされる。この際に陸軍省から売却金の一部として当時の金額で村に一万円以上が支払われること、植林事業に関連した仕事による現金収入などが付随して約束されたようであるが、部落で発生した大火により関係書類が焼失し、結果として新地主であるＫの一方的な所有権の主張だけが残ったのである。こうした事態に直面し、農民たちは入会権確認訴訟 (第一次小繋事件訴訟) を提起する。訴訟提起に驚いたＫは、農民間の階層的変動に着目し、一部の旧有力者層を懐柔して部落を割らせると同時に、警察権力による弾圧を通じて山支配を強化しながら名士層を引きつけていった。かくして、部落は、原告派 (反Ｋ派) と地主派 (被告＝Ｋ支持派) に分裂してしまう。この確認訴訟は、一九三二年の盛岡地裁判決、三六年の宮城控訴院判決を経て、三九年の大審院判決において、入会権の否定・原告敗訴が確定することになる。

入会権について大審院の否定的判断が下されたとはいえ、小繋部落の人々にとって入会稼ぎが不可欠なものである以上、何ら問題解決には至らなかった。一九四六年、戦後の混乱の中で再び入会権確認訴訟が起こされたが、盛岡地裁は、五一年、この第二次小繋事件訴訟について、左記のような判決を下した。すなわち、判決は、「①原告は小繋部落の一部にすぎないが当事者適格がある。②前訴判決の既判力は第二回目の訴訟には及ばない。③ (小繋部落は共有の性質を有する入会権をもっていたが、Ｔが個人名儀で地券をえたのは、名儀信託行為によるもので、名儀的な所有者にすぎないＴは、背後の団体的実権者である部落民を離れては客体たる権利を処分することができない地位にあるゆえに) 小繋山は小繋部落の村山であった」と判断しながら、後半部分において急に態度を一変させて、「被告Ｋは遅くとも一九三六年末までに、本件山野を完全に時効取得した」として、原告の訴えを斥けたのである。戒能通孝は、③で示された判決の論理が、戒能の『入会の研究』の論理と同旨であることを評価しつつも、「Kによる占有が『平穏な占有』というには縁遠かった」と指摘し、「判決の理由はどうみてもわからない」と述べている。

原告側弁護人は、前訴提起後における農民の入会利用の事実を立証することに、控訴審での努力を集中することになる。しかし、仙台高裁が当事者に職権調停を申し出たため、一九五三年に弁護人もその弁論の中途で調停を容認し、「百姓に山を預けるとすぐ坊主にしてしまうから、大きな事業家に任せた方がよい」と公言した当時の岩手県知事を含む三名からなる調停委員会が構成された。しかし、調停を受けいれたことは、原告には秘匿されていた。原告が、訴訟が調停手続きに移されている事実を知ったのは調停が成立するその当日であり、しかも入会地をわずかな地域にのみ限定するなど著しく原告に不利な調停内容を知らされたのは、仙台高裁から調停調書が送られてきた時であった。

農民たちは、信頼できない弁護団を解散させたうえで改めて調停無効の主張を行ない、従来通り入会権の行使を続けたが、反K派の人々は、K支持派との争いが感情的にも爆発寸前にまでいっていた時期に、入会権闘争でなぜ敗北したのかを真剣に考え始めていた。早稲田大学大学院法学研究科修士課程を修了した藤本正利が、民法の指導を受けた戒能通孝の許を訪れ、「これから小繋に住み込みたい」と告げたのは、そのような時であった。一九五五年五月、小繋部落に移り住んだ藤本は、農家の手伝いをしながら、冷静になるよう人々を説得し、母親集会の組織化などに力を尽くした。ところが、藤本を中心に新しい小繋部落作りが開始されつつあった時に、いわゆる森林窃盗事件が起こったのである。

旧家屋朽廃のため改築をしていた反K派の農民TおよびYが、小繋山に立ち入り、Tの祖父らが若い頃に自分の手で植えた杉・檜を伐採した。この種の行為は、反Ｋ派のみならず、Ｋ支持派もしていたにもかかわらず、これをきっかけに、十月一七日早朝、岩手県警察本部・同機動隊・二戸警察署から動員された武装警官隊は小繋部落を急襲し、ＴおよびＹを含む農民たちと藤本正利を森林法違反で逮捕したのである。森林法二〇一条二項は、「森林窃盗の贓物の運搬、寄蔵、故買又は牙保をした者は、五年以下の懲役又は五十万円以下の罰金に処する」と規定しているが、戒能は、「この逮捕は、『いうことをきかねばやきを入れる』という一種のデモンストレーションと考えてよいのではあるまいか」と指摘している。第三次小繋事件訴訟は、かくして刑事事件をも生み出してしまったのである。盛岡地裁は、一九五九年一〇月二六日、封印破棄などの派生的部分では有罪を免れなかったものの、本体としての森林法違反について、被告人勝訴の無罪判決を下した。しかし、検察側・被告人側双方の控訴をうけた仙台高裁は、六三年五月八日、死亡したＴと封印破棄の一名を除き、被告人全員を森林法に違反したとして有罪判決を下したのである。戒能は、「一九五三年一〇月の調停は有効に成立した調停だったから、この調停に違反して山に立ち入り木を伐ったのは森林法違反になる」という仙台高裁判決の狙いは、「治安の維持」にあったのではないか、と推測している。そして、「ひどいのは小繋山入会権の沿革に対する認定であって、検察官は何もいっていないのに、部落民の入会権は過去においても弱い債権的入会権であったといい、これを出発点に事件を眺めている。〔仙台高裁の〕入会観念は、正直にみて農民のいない入会観念」であったにすぎない、と論じているのだ。被告側の上告をうけた最高裁は、一九六六年一月二八日、上告を棄却し、被告人の有罪が確定したのである。

2　二つのセーフティネット

小繋事件訴訟は、山林の自然資源コモンズについて農民が入会権を行使したことに関わるものであるから、それは経済的セーフティネットが主題化された裁判と考えることができる。それゆえ、被告人側の弁護人の岡林辰雄も「弁論要旨」で次のように述べている。

こつなぎ部落は、先祖代々こつなぎ山のおかげで暮らしてきました。こつなぎ山の入会の成立は、即ち、こつなぎ部落の形成そのものでありました。この入会権、入会慣行が現実に差し止められるならば、こつなぎ部落は、たちまち崩壊し、部落民は一家離散のやむなきにいたるでしょう。……こつなぎ部落の人々は、こつなぎ山に入って、生活の糧を求め、平和に、勤勉に暮らしてきました。もし山に入ることが犯罪であるというのであれば、こつなぎでは、よく働くことが犯罪になるということになります。(2)

実際、日本各地の村々を歩いて調査した民俗学者の宮本常一は、敗戦直後に刊行した著作『日本の村』で、次のように論じていたのである。

……山を持っている村には、どこにも共有の広い草刈場があったものです。……そこへ行けば草が手にはいります。草ばかりでなく、たきぎとりも共有山を利用することが多く、これも山の口あけがあったのです。このように共有山をたくさん持っている村は幸福でした。第一に、ほんとに困る家がなかったのです。困るようなことがあれば、村の共有林を利用することができます。山の中の村で、なんとなくおちつきを見せて、心にのこるような平和な感じのする所には広い共有林があります。……しかし多くの共有林は、明治時代に村人でわけるか、売られるか、官林になってしまいました。山をわけてもらった貧しいものは、すぐその山をただ同様に売ってしまいました。そうすると薪一本でも買わねばならなくなります。……そのような山を買ったのは、多くは町の金持たちでした。そしてそこへ杉など植えることがはやりました。杉をうえるときは村人には仕事もありますが、木が大きくなると仕事はなくなります。草を刈る場所もなければ、たきぎをとる場所もありません。……生活の苦しい人たちにとって、共有地は大切なものでしたが、手ばなして見るまでは、どんなに大切なものであるかわからなかったのです。(3)

宮本の文章に注目する室田武は、「入会地の重要な機能の一つは、入会地の提供する草木が最低限の生活保障をするということ」であると指摘しているが、(4)小繋の農民にとっても、共有山は、彼(女)らが平和に・幸福に・困ることなく暮らすための経済的セーフティネットそのものだったのである。

しかし、第三次小繋事件訴訟で被告人の有罪が確定してから、四〇年以上の歳月が経過している。近代主義に与する川島武宜が論じたように、入会権は「解体」すべき運命にあるのだろうか。川島の「入会権の解体」テーゼに関する賛否はともかく、田山輝明も、一九八八年の時点で、小繋事件について解説した文章の中で、次のように記している。

入会権の内容である薪木、肥料用草木の採取などは、プロパンガスや化学肥料の普及により、確かにその経済的重要性を喪失しつつある。他方で化学肥料の過度の使用がすでに一定の弊害を生み出しつつあるとはいうものの、それが入会権の従来通りの重要性を復活させることはないであろう。……入会権に関する戒能理論は、山村において入会稼ぎが不可欠なものであった時代に確立されたものであるが、戦後の経済の高度成長期を経過した時点において、これをいかに適用すべきであろうか。これに答えることが入会権の現代的意義を語ることになると思われる。(5)

他方、「つねに入会権擁護、入会権を守る立場」にたつという中尾英俊は、「入会権を守る裁判をしているということ、何でそんな古い権利にこだわるのか」と言われると述べ、「入会権の現代的意義」について次のように論じている。

美しい緑と水は、日本人に与えられた貴重な資源である。それが高度成長経済という名の下での乱開発によって少なからず失われた。現在ではかつてほどでないけれども、公共、開発の名のもとに緑と水が奪われようとしている。緑と水の給源地の多くがいわゆる共有地、入会地である。公共施設のためといえばある程度まとまった土地が必要であるから、山林原野に限らず個人有地でなく、いわゆる共有地、入会地がその対象となりやすい。そこで入会地の開発——宅地、工場用地としての土地開発、ダム、発電所、道路、塵芥処理場等のいわゆる公共施設、ゴルフ場等の休養娯楽施設あるいは駐車場としての土地使用——のため、これらの事業体たる企業に土地を売却、あるいは賃貸するか、自前で施設をつくる（休養施設や駐車場等）ことについて問題を生ずることが少なくない。

このように論じて、中尾は、「入会権が環境保全に重要な役割を果たしていること、すぐれて現代的意味をもっていること」は明らかである、と強調するのである。(6) 実際、北富士演習場返還をめぐる忍草の人々の闘いや上関原子力発電所建設をめぐる四代区民の闘いでは、入会権の存否についての判断が重要な意味をもったが、これらの紛争や訴訟では、まさに自然空間コモンズの環境的セーフティネット機能が主題化されたと言うことができよう。(7)

とくに中尾が注目するゴルフ場開発（建設）問題についても、しばしば入会権の主張がなされる。高知県土佐清水市大岐地区土地所有権移転登記手続訴訟では、一九九一年に下された判決で、原告＝開発賛成派＝入会集団代表者の主張する所有権移転登記手続は認められたが、被告＝開発反対派＝入会権者の一部の主張する総有理論も適用された結果、ゴルフ場建設は阻止されたのである。また、山梨県増穂町ゴルフ場建設不同意処分取消訴訟では、一九九七年に下された判決で、被告＝山梨県の主張する入会権の存在が認められ、原告＝ゴルフ場開発会社の求める開発不許可取消請求は棄却され、ゴルフ場建設はやはり阻止されたのである。もちろん、一九九四年に判決が下された広島県新市町中戸手地区ゴルフ場建設反対訴訟のように、入会権の主張によってもゴルフ場の開発を阻止できなかった事例も少なくない。しかし、入会権裁判が、入会稼ぎのような経済的セーフティネットのみならず、乱開発を阻止するための環境的セーフティネットとも深く関わっていることは疑念の余地がない。[8] 田山と中尾がともに高度経済成長期に着目しているのは象徴的な意味をもつ。たしかに、日本社会における高度経済成長は、入会地＝コモンズの経済的セーフティネットとしての役割を低下させたかもしれないが、逆に、その環境的セーフティネットとしての重要性を大きく浮上させたのである。

環境的セーフティネットについて論じる場合、〈いま・ここで〉生きている現在世代のみを対象とすることはできない。小繋事件訴訟が、貧困に対する経済的セーフティネットだけでなく、長い目で見れば自然生態系の破壊を防ぐための環境的セーフティネットに関わる入会権裁判でもある以上、その判決は現在世代の「聞き手（A）」のみに向けられていると考えることはできない。

例えば、加藤尚武は、環境倫理学の基本的な主張として、次の三点を挙げている。

①自然の生存権の問題——人間だけでなく、生物の種、生態系、景観などにも生存の権利があるので、勝手にそれを否定してはならない。②世代間倫理の問題——現在世代は、将来世代の生存可能性に対して責任がある。③地球全体主義——地球の生態系は開いた宇宙ではなくて閉じた世界である。この閉じた世界では、利用可能な物質とエネルギーの総量は有限である。そのなかで生存可能性の保証に優先権がある。しかも、次の世代に選択の形だけを与えるのではなく、現実の選択可能性を保証しなくてはならない。[9]

また、森岡正博も、環境倫理学の中心となる考え方を、次の三点にまとめている。①有限な地球環境のもとで人間が生きてゆくための、新しい倫理が必要である。②いま生きている人間のことだけではなく、将来世代の人々のことまで含めて、現在の私たちの行動を決めてゆこう。③人間だけではなく、動物や植物などの生きものを私たちの一員として配慮して、私たちの行動を決めてゆこう。[10]

このように加藤と森岡は「将来世代」の生存を重視しているが、彼らに大きな思想的影響を与えた、「乳飲み子に対する責任」を例に挙げて将来世代への責任を強調するH・ヨナスも、J・ロールズの言う「無知のヴェール」を世代間の公平にまで拡張することを試みるK・S・シュレイダー＝フレチェットも世代間倫理を環境倫理学の中核に据えているのである。[11]

将来世代に注目することは、環境倫理学のみでなく、環境法学でも同様である。山村恒年は、いわゆる公共信託論との関連で、次のように指摘している。すなわち、日本国憲法前文は、「……われらとわれらの子孫のために、……わが国全土にわたつて自由のもたらす恵沢を確保し、……この憲法を確定する。そもそも国政は、国民の厳粛な信託によるものであつて、……」と規定している。また、同一一条は、「この憲法が国民に保障する基本的人権は、侵すことのできない永久の権利として、現在及び将来の国民に与へられる」と述べ、同九七条は、「〔基本的人権は〕現在及び将来の国民に対し、侵すことのできない永久の権利として信託されたものである」とし、公共信託論の考え方を受容していると考えられるのである。山村は、「この理論は、古代ローマからイギリスへ、さらにアメリカを通じて日本国憲法へと受け継がれたものといわれている」と指摘している。[12]

環境権については、豊前環境権裁判について確認しておいたように、「事態がこのまま推移する限り、環境権が裁判所によって承認される可能性はほとんどないという絶望的な状況」にあることは否定できない。しかし、憲法学説では、J・H・イリィのプロセス理論に与する松井茂記による有力な反対説が存在するものの、憲法一三条が規定する幸福追求権および憲法二五条が規定する生存権から環境権は導出可能であると考えられている。[13]そうすると、憲法の条文から導出可能な環境権もまた、「侵すことのできない永久の権利として信託されたものである」と言うことができよう。

山村は、公共信託についても、様々な考え方があるとして、次の四つのパターンを示している。①現在世代国民→現政府へ、②将来世代→現在世代→現政府へ、③将来生態系→現在世代→現政府へ、④将来地球生態系→国連行政機関へ。

このうち、②③④のような二段階を経た信託は二重信託と呼ばれるが、もちろん、これは世代間倫理と深く関わっている。また、環境基本法が、「現在および将来の国民の健康で文化的な生活の確保に寄与する……」ことを究極の目的としていることも見逃してはならない。受託者である現在世代の人間は、将来世代の人間のために善良な管理者の注意義務をもって地球の自然環境を管理する義務があるのである。[14]それゆえ、環境的セーフティネットに関わる入会権裁判である小繋事件訴訟も、現在世代のみならず将来世代の「聞き手（A）」の存在を前提に、二重信託の観点から法的言語行為論の分析を行なう必要が生じてくるのである。

▼第三次小繋事件訴訟仙台高裁判決（一九六三年五月八日、判時三三六号、四頁）

●法的発語行為……〈LLA〉

仙台高裁裁判官（S）は、検察官（A_1）に、「被告人を懲役一〇月に処する（M）」と言った。

仙台高裁裁判官（S）は、被告人（A_2）に、「被告人を懲役一〇月に処する（M）」と言った。

- 法的発語内行為……〈ＬＩＡ〉　In saying M,

仙台高裁裁判官（Ｓ）は、検察官（A_1）に、（勝訴）判決を下した。

仙台高裁裁判官（Ｓ）は、被告人（A_2）に、（敗訴）判決を下した。

- 法的発語媒介行為……〈ＬＰＡ〉　By saying M,

仙台高裁裁判官（Ｓ）は、検察官（A_1）を、喜ばせた。

仙台高裁裁判官（Ｓ）は、被告人（A_2）を、落胆させた。

仙台高裁裁判官（Ｓ）は、（小繫山に入会権があると信じていた）農民（A_3）を、失望させた。

仙台高裁裁判官（Ｓ）は、（小繫山に入会権があると信じていた）農民（A_3）を、その経済的セーフティネットから切断した。

仙台高裁裁判官（Ｓ）は、（小繫部落に住むことになるであろう）将来世代の人間（A_4）を、その環境的セーフティネットから切断した。


チッソ水俣病川本事件訴訟は、事件の表層では刑事裁判であったが、事件の深層では公害裁判であった。同様に、第三次小繫事件訴訟は、事件の表層では刑事裁判であったが、〈いま・ここで〉は存在しない聞き手（A_4）に対する法的発語媒介効果が問題となる事件の深層では環境裁判なのであった。すなわち、チッソ水俣病川本事件訴訟ではもちろん、表層においても深層においても、また法的言語行為の発語内行為の相においても発語媒介行為の相においても、判決の聞き手はすべて〈いま・ここで〉生きている現在世代に属する人間たちである。しかし、第三次小繫事件訴訟における判決の聞き手は、表層ではすべて現在世代に属する人間であるが、その深層の発語媒介行為の相においては将来世代に属する人間も含まれることになる。だからこそ、間宮陽介の論文「コモンズと資源・環境問題」や、早稲田大学二一世紀ＣＯＥ《企業法制と法創造》総合研究所「基本的法概念のクリティーク」研究会編『コモンズ・所有・新しい社会システムの可能性――小繋事件が問いかけるもの』はともに、将来世代の生存と密接に関連するコモンズないし環境問題の観点から、改めて小繋事件訴訟に分析の照準を合わせたのである。

「こつなぎ部落は、先祖代々こつなぎ山のおかげで暮らしてきました」と語られることからも明らかなように、山地主であるＫが登場する以前の小繋部落の農民による入会権の行使は、今田高俊の言う「制度や価値の伝統への帰属が優位した行為」＝「伝統―帰属図式にもとづく行為」と位置づけられる慣習的行為そのものである。他方、小繋山の所有権者と自称するＫの行為は、「目的―手段図式にもとづく行為」と位置づけられる合理的行為と考えられる。畑穣によれば、海産物商であったＫは、北海道で密猟したラッコやオットセイの毛皮を裏ルートで捌いて成功した人物とされる。Ｋが小繋山の一部を陸軍省に売却し、他方で植林事業を開始したのも、近代的所有権に関するルールを使って利益追求を図るという経済合理性に基づく行為である。農民の入会権を拒絶したのも、「自己が所有する（?）木材の売却による経済的利益（目的）―小繋山からの農民の排除（手段）」という図式に合致した典型的な合理的行為なのである。最後に、入会権は「解体すべき古い権利」ではなく、経済的セーフティネットのみでなく環境的セーフティネットに関わる重要な権利であると主張する行為は、「意味―自省図式が優位する行為」と位置づけられる自省的行為と言うことができる。すなわち、ここでは、「入会権」や「セーフティネット」の意味を問い直すという自省作用が行なわれた結果、入会権はコモンズの観点から再評価がなされ、それとの関連で、入会稼ぎという経済的セーフティネットではない・環境的セーフティネットの重要性が将来世代の生存権を保障するものとして改めて確認されることになるのである。

3　コモンズと市場

小繋部落の農民たちが半ば無意識裡に行なっていた慣習的行為に、コモンズに関心をもつ研究者たちのリフレクションによって新たな「光」が照射されたのである。この慣習的行為とは、F・A・ハイエクの言う「自生的秩序のルール」に従った行為に対応するものである。ところで、片山博文は、ハイエクの自生的秩序論の影響を受ける自由市場環境主義とコモンズの関係について検討している。(15) 自由市場環境主義とは、環境破壊の原因を自然に対する所有権と市場の不在に求め、自然資源に対する私的所有権の設定とその売買を通じて望ましい資源管理を行なおうとする思想である。片山によれば、この自由市場環境主義は、①F・A・ハイエクらオーストリア学派の市場哲学、②R・H・コースの「法と経済学」アプローチに基づく社会的費用論、③R・ノージックらのリバタリアニズムの国家哲学という三つの源泉をもつ。ハイエクらの市場哲学は、国家が制定した「組織のルール」による管理的な規制に対して「自生的秩序のルール」による規制を擁護し、コースの「法と経済学」アプローチは、自然資源の私有化による環境保護の経済的根拠と具体的な制度構想を提示し、ノージックのリバタリアニズムの国家哲学は、「最小国家」の必要性とコモン・ローに依拠した責任概念の復権を主張する。「ルールに基づく規制、私有化、コモン・ロー的責任概念は、自由市場環境主義の三位一体を構成し、自由社会の原則と調和した環境問題の解決をもたらすとされる」。

「自由市場環境主義の核心にあるのは、自然資源に対する明確に特定された、移転可能な所有権の制度である」と指摘する片山は、次のように論じる。

明確な所有権の設定下では、自然資源利用者による不適切な意思決定は資源所有者の富を脅かすため、自然資源所有者は利用者に対して自然管理のための規律を課すことになる。そして所有権の移転可能性は、所有者に対して、彼ら自身にとっての価値だけでなく他人の支払意思に対応する価値も考慮に入れることを要請する。こうして、自然資源に対する取引可能な所有権の設定は、結果として「望ましい資源管理」……を実現する。

この文章は、自然資源所有者である（K）が利用者である小繋部落の農民に対して資源管理のための規律を厳しく課することを肯定しているように読める。ここに矛盾はないのだろうか。片山自身、「通常、市場と環境の関連は否定的に捉えられており、こうした考えからは『自由市場環境主義』という名称自体が言葉の矛盾として拒否される」はずであるのに、「自由市場環境主義は何故自らを官僚的統制の唯一の代替的選択肢と考えるのか」と問いかけ、それに、自由市場環境主義が提示する人間性・知識・過程に関する三つのビジョンで答えようとする。すなわち、

①人間性　自由市場環境主義は、人間を利己的な存在であると考える。望ましい資源管理は、個人のインセンティヴを通じて社会制度が利己心をいかに利用するかにかかっている。②知識　「自由市場環境主義は、個人に利用可能な情報ないし知識が集中しているのでなく、拡散・分散していると考える。それゆえ、設計主義的合理主義を支持する論者のように、環境についての情報ないし知識を管理することができる「単一の精神ないし精神集団」に集約できると考えることは「理性の思い上がり」に陥ることになる。したがって、「個々の資源所有者は自分の財産について局所的情報を獲得する位置にあり、またそのインセンティヴを有しているので、集権的官僚制よりも資源管理に適している」。③過程　「もし仮に利己心の克服や知識の集中が可能ならば、政治的統制を通じた解決の可能性が大きくなる。しかし、もし実際に存在するのが分散した知識を有する利己的個人であるならば、解決へ向けた

過程は、その過程に内包されたチェック・アンド・バランスによって特徴づけられる多様な解決法を生み出すに違いない。私的所有を通じて富と望ましい資源管理をリンクさせることにより、市場過程は多くの個別的実践を生み出す。そしてそれらの実験の中で成功されたものがコピーされるであろう」。明らかに、ここにハイエクの進化論的合理主義の思想の影響を見出すことができる。

片山は言う。

……ハイエクの言葉を用いるならば、自由市場環境主義とは、環境保護と資源管理を政府の設計主義的計画としてではなく自生的秩序として実現する試みであり、自然資源に対する所有権の設定とその執行以外の役割を政府に認めない点で、徹底した反官僚主義・反国家主義の立場に立っているということができる。

片山は、自由市場環境主義の反国家主義が環境政策論において有する含意を、〈政府―市場〉、〈財政―権利〉、〈集権―分権〉という三つの位相から明らかにするが、ここでは最後の論点のみに注目しておく。

〈集権―分権〉……この図式は、政府間関係の面からみた中央集権的な国家構造に対する批判である。分権的環境保護を担う主体、そしてそれが行なわれる場となるのは地方政府・自治体であり、また様々なコミュニティや共同体的な規制・資源管理を行なっている「コモンズ」とよぶことのできる社会組織・制度である。〈集権―分権〉図式においては、これらコミュニティ・ベースの環境保護が国民国家ないし中央政府による環境保護に対置される。両者を区別する基準は、さしあたり「地域性」の有無として考えることができよう。

このように、〈集権―分権〉図式によれば、自由市場環境主義とコモンズは整合するという驚くべき結論が導出されることになる。しかし、片山によれば、この結論は、誤っている。

……自由市場環境主義の主張する、集権的資源・環境政策の限界、知識の分散性・局所性とそれを生かした環境保護の秩序形成、官僚的統制のエリート主義と「科学的管理」批判、個別的実験・実践の重視、動学的な模索過程といった諸点は、分権的環境保護のイデオロギーとして多くのみるべきものを有しているといえよう。問題は、自由市場環境主義が分権的アプローチと市場アプローチを同一視している点にある。彼らの主張とは異なり、市場的アプローチは官僚的統制に対する唯一の代替的選択ではない。……コモンズにおける資源の持続的利用……やその成員内部の資源アクセスの平等性といった機能は、コモンズの有する優れた特性である。このように、分権的環境保護の主体と場を構成するのは必ずしも利己的個人と市場に限られるわけではなく、コモンズや自治体、地域といったコミュニティ・ベースの環境保護もまた、分権的アプローチの重要な一翼を担い得る。しかも上に列挙した自由市場環境主義の分権的環境保護としての長所の多くは、そのままコミュニティ・アプローチにも当てはまるものである。

片山は、自由市場環境主義の問題点を、「ハイエクの自生的秩序論が環境問題において直面した困難を、環境の共有財産としての性格を全面的に否定することによって乗り越えようとしている」ことに求め、それが徹底した「反コモンズ主義」と呼ぶべき立場にたつことを強調する。ここで問われていることは、「自由市場環境主義の反国家主義に関する問題提起を受けとめつつ、それが反コモンズ運動として有する破壊的な作用にいかに対抗していくか」ということなのである。

4　K・ポランニーとI・イリイチ

この問いに対しては、まず自生的秩序からハイエクの重視する市場を放逐した上で、さらに土地＝自然を市場における商品として否定することによって答えられる。後者の論点から見ておこう。ここで注目されるのは、K・ポ

ランニーの次のような見解である。(16)

決定的なことは次の点である。すなわち、労働、土地、貨幣は産業の基本的な要因であること、しかも、これらの要因もまた市場に組みこまれなければならないことである。事実、これらの市場は経済システムの絶対的に重要な部分を形成する。ところが、労働、土地、貨幣が本来商品でないことは明白である。売買されるものはすべて販売のために生産されたものでなければならないという公準は、これら三つの要因については絶対に妥当しないのである。つまり、経験的定義によれば、これらは商品ではないのである。第一に、労働は、生活それ自体に伴う人間活動の別名であり、その性質上、販売のために生産されるものではない。……次に、土地は自然の別名でしかなく、人間によって生産されるものではない。最後に、現実の貨幣は購買力を示す代用品にすぎない。……労働、土地、貨幣はいずれも販売のために生産されるものではなく、これらを商品視するのはまったくの擬制なのである。

この擬制のおかげで、労働、土地、貨幣の市場が現実に組織される。そのような市場の形成を妨げる政策がとられると、その政策がとられたという事実そのものによって、システムの自己調整は危機に陥る。それゆえ、商品擬制に沿った市場メカニズムの現実の機能を妨げるような取り決めや行動の存在は、決して許されないのである。ところが、労働、土地、貨幣についてはそのような公準を受け入れることはできないから、「市場メカニズムが人間の運命とその自然環境の唯一の支配者となることを許せば、社会の倒壊をみちびくことになる」。ポランニーは言う。

労働市場、土地市場、貨幣市場は市場経済にとって本質的なものであることは疑いない。しかし、ビジネスの組織だけでなく、人間の社会的および自然的実体が、粗暴な擬制のシステムという悪魔の挽臼の破壊力から保護されなければ、いかなる社会も、そのような粗暴な擬制のシステムの力に一時たりとも耐えることはできないであろう。市場経済の極度の人為性の根源は、そこでは生産過程そのものが買いと売りのかたちに組織されるという事実にある。

労働や土地を商品とする擬制のシステムは、人間を倒錯・犯罪・飢餓などのかたちで社会的混乱の犠牲として死滅させ、自然を（有機的つながりのない）個々の要素に還元して、近隣関係や景観をダメにし、森林や河川を汚染し、食糧や原料を産み出す力を破壊させるのである。これはまさに、土地＝自然を擬制商品とする市場システムを利用して経済的利益を追求しようとした山地主であるＫの合理的行為が、平和に・幸福に・困ることなく暮らしていた小繋部落の農民たちにもたらした現実そのものである。

ポランニーが「市場経済の極度の人為性」という表現を用いたことに注目しよう。市場は、ハイエクの言うように自生的秩序として生成したのではなく、「労働、土地、貨幣を商品化する擬制を維持する」という人為および「生産過程そのものを買いと売りのかたちに組織する」という人為によってもたらされたのである。それゆえ、自生的秩序から市場を放逐することが可能となる。

このように考えるならば、自生的秩序としては、市場（カタラクシー）ではなく、むしろＩ・イリイチの言う「ヴァナキュラーなもの」こそが理解されるべきである。

ヴァナキュラーというのは、〝根づいていること〟と〝居住〟を意味するインドーゲルマン語系のことばに由来する。……〔それは〕家で育て、家で紡いだ、自家産、自家製のものすべてに関して使用されたものであり、交換形式によって入手したものと対立する。……自分が所有する家畜のロバから生まれたロバは、ちょうど菜園や共有地（コモンズ）からとれた基本的な生活物資のように、ヴァナキュラーな存在である。もしカール・ポランニーがこの事実に気付いていたなら、古代ローマ人によって受け入れられていた意味で、ヴァナキュラーという言葉を使用したかもしれない。すなわちそれは、生活のあらゆる局面に埋め込まれている互酬性の型に由来する人間の暮らしであって、交換や上からの配分に由来する人間の暮らしとは区別されるものなのである。……ヴァナキュラーな話しことばとは話し手自身の土地で育まれたことばと型式からなるものであり、他の場所で育てられ、運びこまれてきたものとは対立するものだった。……私はいまここで、この語の古い息づかいをいくぶん復活させたいわれわれが必要としているのは、交換という考えに動機づけられていない場合の人間的活動を示す簡単で率直なことばである。それは、人々が日常の必要を満足させるような自立的で非市場的な行為を意味することばなのだ。その性質上、官僚的な管理からまぬがれているその行為は、それによってその都度独自の形をとる日常の必要を満足させるものである。ヴァナキュラーというのは、この目的に役立つ旧き良きことばであるように思われる。(17)

玉野井芳郎は、「イリイチのいう『ヴァナキュラーな価値』とは、地域の民衆が生活を通してつくりあげる固有文化の評価を指している」と指摘している。これはまさに、コモンズの評価そのものである。したがって、コモンズのルールとは、ヴァナキュラーなルールなのである。また、ハイエクが自生的秩序の一つの典型として日常言語を挙げていることに注目しよう。イリイチは、その土地で育まれた日常言語をヴァナキュラーなものと捉えているが、それならば、日常言語を接点として、ヴァナキュラーなものこそが実は自生的秩序なのであると考えることが可能となる。ところが、ヴァナキュラーなものは、ポランニーが人為の所産と見た市場と明確に対立する。そうすると、ハイエクの重視する市場ではなく、日常言語やコモンズのルールこそが自生的秩序として生成したと理解することができるのである。ポランニー理論によって、土地＝自然を市場における商品として否定することができたが、ポランニーの影響を受けたイリイチ理論によって自生的秩序から市場を放逐することが可能となるのである。片山博文が提起した、「自由市場環境主義の反国家主義に関する問題提起を受けとめつつ、それが反コモンズ運動として有する破壊的な作用にいかに対抗していくか」という課題は、かくして答えられたことになる。小繫部落の農民たちが半ば無意識裡に実践していた慣習的行為は、「自生的秩序のルール」に従った行為であり、それは土地＝自然を擬制された商品とする反コモンズ的な市場のルールを利用して利益を追求したＫの合理的行為と明確に

図５　近代市民法と入会権

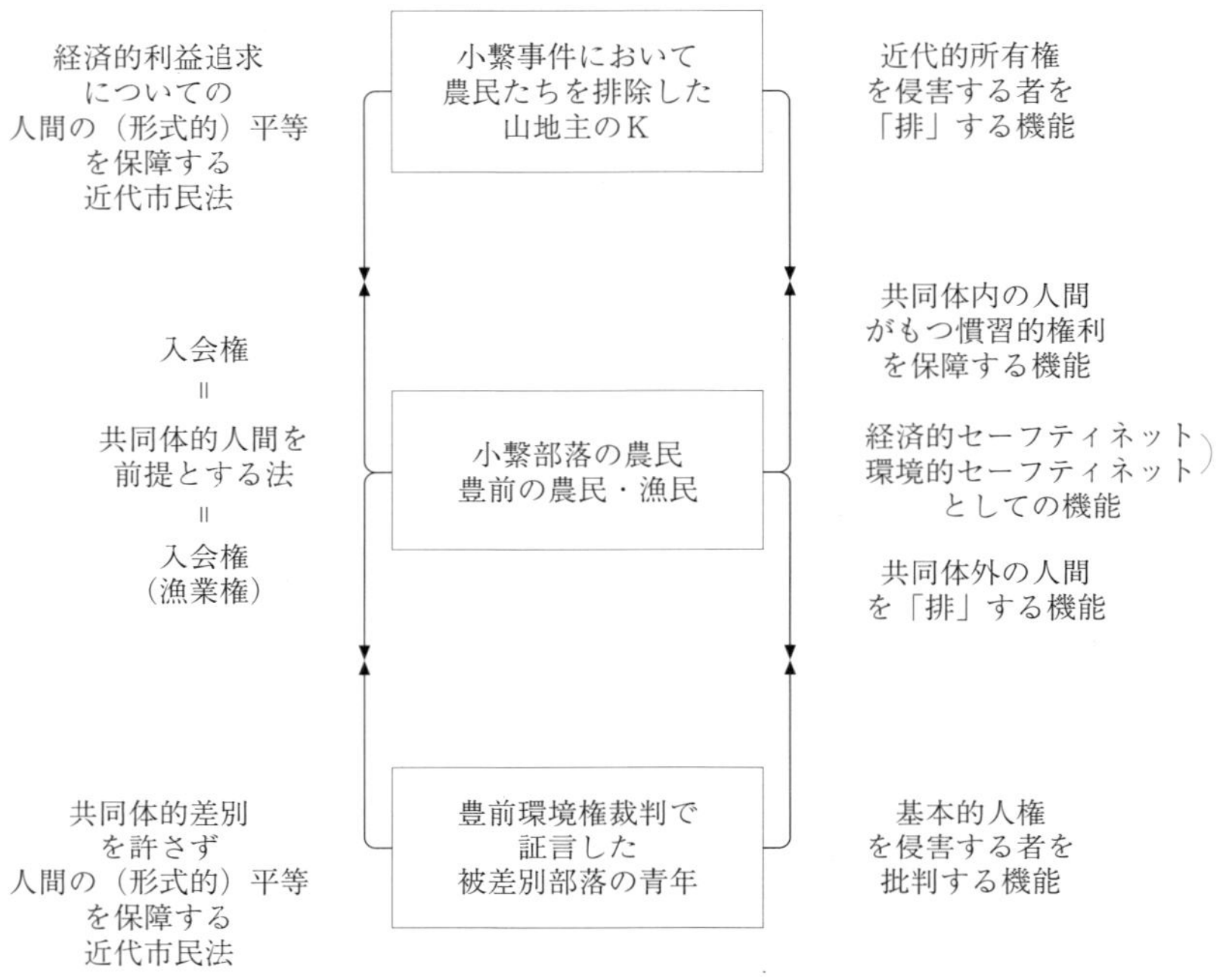

対立するものであったのである。

ポランニーの著作とイリイチの著作の双方の訳者である玉野井が、地域主義を唱える論客として、石垣島白保のオバアたちの権利を擁護するために「コモンズとしての海」という論文を発表したことは偶然ではない。

ただし、ヴァナキュラーなものを無条件に賛美することもできない。既に見たように、水俣では、陣内や浜町の住民↓丸島の農民↓小松原の漁師↓舟津の住民という自生的差別秩序が形成されていたが、自生的差別秩序も自生的秩序の一現象形態である以上、それはヴァナキュラーなものとも無縁ではない。また、豊前環境権裁判でも、被差別部落出身の青年は、「コモンズとしての山林」や「コモンズとしての海」から排除されていることを証言した。イリイチがいささか不用意に、「奴隷の子は、……ちょうど菜園や共有地（コモンズ）からとれた基本的な生活物資のように、ヴァナキュラーな存在である」と論じていることからも明らかなように、奴隷の子は、コモンズとして利用されるべき客体であっても、コモンズを利用すべき主体となりえないのである。「コモンズ（共有地）」とは言え、その「コモン」ないし「共」から被差別部落の青年や奴隷の子が排除されているということは、ヴァナキュラーなものが不利な立場の少数者への差別と両立可能であることを物語っている。

コモンズをめぐる対談で、イリイチは玉野井に次のように語っている。

地域の慣習法——これは「コモンズ」におけるサブシステンスのモラル・エコノミーを保護していたものです——が、自然の利用＝収奪という共通の利益を保護する成長志向型の法に置き換えられることによってこわれてきました。(18)

イリイチの言う「地域の慣習法」は、明らかに共同体的人間を前提としている。それは、当該地域共同体に住むであろう将来世代に属する人間の生存を保障する環境的セーフティネットとしての役割を果たすものであるが、他方、当該地域共同体から不利な立場の少数者を「排」することを可能にするものでもある。また、「成長志向型の法」は、もちろん近代市民法的人間を前提としている。それは、コモンズを生産の「リソース」に転化させることによって地域共同体の環境を破壊させる原因となりうるが、他方、すべての人間に少なくとも形式的には平等を保障することにより当該地域共同体における自生的差別秩序を否定するものである。したがって、『所有権法の理論』を著して近代的所有権の観念性と絶対性を剔出した川島武宜が、人間の形式的平等を擁護する近代主義者として、「（地域の慣習法によって保障されていた）入会権の解体」テーゼを提唱したことは、それなりに十分に納得できるのである。

5　保全・保存・保完

歴史学者のL・ホワイトは、最も人間中心的な宗教であるキリスト教が、人間と自然との二元論を樹立したのみでなく、「人間が自分のために自然を搾取することこそが神の意思である」という思想を確立させた、と強調した。[19] 現在の生態学的危機の歴史的根源はキリスト教にあるというホワイトの挑戦的な主張に対して、J・パスモアは、キリスト教には、人間が自然を搾取し尽す専制君主のように振舞う伝統のみでなく、「人間を自然の世話をするように委ねられた神の代理人（＝スチュワード）と捉える管理思想」の伝統と、「人間の生命と聖なる自然の生命の間には統一的なつながりが存在すると考える超越思想」の伝統もある、と応じた。これら二つの伝統のうち、しばしば前者がG・ピンショーの「保全（コンサベーション）」の思想、後者がJ・ミューアの「保存（プリザベーション）」の思想とそれぞれ結びつけて理解されている。[20]

森林保全の専門家であるピンショーは、アメリカ農務省林野部の初代部長として国有林管理計画の策定などに尽力し、自ら創設したイェール大学林学部の教授を務めた。ピンショーは、経済的に効率のよい森林利用のあり方を追求し、長期にわたって得られる経済的利益を最大にするために、科学的な森林管理計画を国家のもとに策定・運用していくことを主張した。この「保全」の思想は、〈……にそなえた節約〉というように、最終的には人間の将来の消費のために天然資源を保護・管理するということを意味している。

他方、自然保護団体シエラ・クラブの創設者であるミューアは、経済的利益を追求する自然の商業利用を批判し、美的価値の高い自然はそのままの姿で守るべきことを、力強く主張した。ミューアは、とくにヨセミテ国立公園へッチ・ヘッチー渓谷における利水ダム建設への反対運動に力を入れた。氷河の作用で生まれた、稀有な美しさをもつ渓谷を「神の殿堂」に喩えたミューアは、ダム計画はその荘厳さを冒すものであると厳しく批判した。この「保存」の思想は、〈……からの保護〉というように、生物の特定の種や原生自然を損傷や破壊から、人間のためにではなく、むしろ人間のための活動を規制してまでも保護するということを意味している。

丸山真男の思想史学の用語を借用して言えば、「保全」は「作為の領域」に、「保存」は「自然の領域」にそれぞれ含まれることになる。しかし、ハイエクは、「作為の領域でもなければ、自然の領域でもない」第三の領域として、「自生的秩序」を挙げていた。それは、「設計という人間の意識的な作為の結果ではないが、人間の半ば無意識的な実践の累積の結果である領域」と言い換えることができる。そして、コモンズのルールは、この「自生的秩序のルール」であったのである。そうすると、コモンズを維持することは、意識的な管理という「作為」＝「保全」でもなく、そのままの「自然」＝「保存」でもないということになるが、ここではそれを「保完」と呼ぶことにしたいと思う。もちろん、「ほかん」は、一般に、「補完」または「保管」という漢字で表わされる。前者は「足りないところを補って完全にする」、後者は「他人のモノを預って失わないようにする」という意味である。しかし、コモンズには「足りないところ」はなく、また「みんなのモノ」であるから「他人のモノ」でもない。それゆえ、「保完」という言葉で、「コモンズがそのままの状態を保ち続けられるように自然化した人間の実践で完（まっと）うする」ことを意味させたいと思う。コモンズを「保完」することは、「設計という人間の意識的な作為の結果ではないが、人間の半ば無意識的な実践の累積の結果」として実現されるのである。

間宮陽介は言う。

コモンズは村落の管理権能を内包しているが、問題は管理の中身である。……法律として概念化される以前の共同所有はもっと多様だったはずであり、管理の主客もはっきりとした一線を引けるようなものではなかった。例えば慣行（プラクティス）においては同一の個人の中に管理の主体と客体とが同居している。一方に条文化された管理規則があり、他方にそれに従う村落民がいる、というのではなく、木を伐ったり草を刈ったりする行為（実践）のなかに両者が統合されているのである。[21]

コモンズは、「自然」そのものを「保存」するのではない。しかし、管理規則に従って管理主体が意識的に「保全」するのでもない。むしろ、半ば無意識的な行為（実践）が繰り返されることにより、「保完」されるのである。この点に関連して、戒能は次のように論じている。

農民に対し一定齢級以上の木は伐ってもよいが、それ以上の木は伐ってはいけないとかいったような法律家好みの表現は、実をいうと全く通りにくい言葉である。それらは机上の言葉としては厳格だが、いざ実践になると曖昧であり、少しも実用的ではないのである。その結果農民は、「刈る」のはよいが「伐る」のはいけないとか、「伐刈ともに妨げなし」とかいうように、行動と結びつけて条件を現わすのが普通である。「刈る」とは「鎌刈り」を意味し、鎌以外の道具を持って山入りしてはならないとの意味であり、「伐る」とは山刀・鉈を用いて伐ることであり、のこぎりは持参してはいけないが、鉈は持っていってもよいという意味である。[22]

この戒能の指摘に着目し、間宮は、「山刀を用いていいとかいけないとか、おそらく文書に書かれているわけではないであろう。ここでは実践こそがルールなのであり、ルールを守らなければ資源が消滅し生業が成り立っていかないから、道具による実践を行なうまでのことである」と結論づけている。

間宮は、「コモンズを利用するルールが人々の実践に体化されたルールだということは、コモンズは人々の実践を通じてしか持続できないということを意味する」と指摘するが、この「保完」の考え方が正しいことを、オットセイという自然資源コモンズに関するアリュート人の実践と焼畑農業に携わるカリマンタンの人々の実践に即して確認しておこう。

梅崎義人は次のように論じる。アリューシャン列島の北方に位置するプリビロフ諸島にオットセイの宝庫を見出したロシア人は、オットセイ狩猟のためにアリューシャンの村からアリュート人をプリビロフ諸島に移住させた。一八六七年、ロシアがアラスカをアメリカに売却するのに伴って、プリビロフ諸島はアメリカ領となり、オットセイの管理もアメリカ人の手に移った。当初、オットセイ猟に熱心であったアメリカは、「わずか一〇年でアラスカの買収費用七二〇万ドルをオットセイ毛皮の収益で回収した」と言われる。アメリカはアリュート人に対して圧政を強いたが、それはアリュート人が狩猟民族のもつ知恵によってオットセイの資源管理に成功したことで可能となった。

オットセイ社会は一頭のオスと二〇頭前後のメスで形成されるハーレムから成り立つが、アリュート人のオットセイ猟は二歳と三歳のオスだけを間引くという方法で行なわれる。四歳で性成熟年に達するオスのオットセイは、激しい闘争を繰り返し、勝ったオスのみがハーレムを作る。アリュート人は、オットセイのメス二〇頭に対してオス五頭ほどの割合になるように、性成熟前のオスのみを間引くのである。強いオスを育てるためには競争率が二倍では低すぎ、五倍以上では高すぎることをアリュート人は長年の経験でわきまえている。オスに四倍の競争率を課すことが、オットセイの資源管理には最適なのである。この方法で、アリュート人はオットセイを獲りながら、その頭数を増やすことに成功した。一九一一年には、わずか三〇万頭しかいなかったオットセイは、アリュート人の知恵ある実践によって、一九八三年には三〇〇万頭まで増加したのである。

しかし、ここで、アメリカの環境保護団体や動物愛護団体が強引に介入してくる。彼らは、「プリビロフ島でのオットセイ殺戮はアメリカの海洋哺乳動物保護法違反であり、かつ残虐なアリュート人の捕殺方法は世界の恥である」という主張で議会に働きかけ、ついにアメリカ政府にオットセイ猟の終止符を打たせたのである。かくして、理想的な「保存」が実現し、オットセイ生息地に平和な楽園が戻った――のではない。

アメリカがオットセイ猟から手を引いた時から、アリュート人が管理してきた健全なオットセイ社会が崩れ始めた。オスとメスの比率が同じ水準に近づき、大混乱が生じている。ハーレムを持つのに二〇倍近い競争率を背負ったオスは、二四時間闘争に明け暮れる。このため、ハーレムの形成率が極端に減少した。オス同士の競争激化でオットセイの性格も強暴化している。以前は喧嘩に敗れたオスは逃げていたが、現在はどちらか一方が噛み殺されるまで闘う。……やっとハーレムを持ったオスも周りの喧騒に神経質となり、個々のハーレムにおける出生率が著しく落ちている。このまま推移すると、一九一一年当時の三〇万頭という最低の資源量まで減少する恐れがある。(23)

次に、カリマンタンの人々の実践について見ておこう。井上真によれば、焼畑農業とは、森林・草原を伐り払い、倒れた樹木や草などを燃やしてから、陸稲・イモ類・雑穀類などを栽培する農業の一形態である。焼畑農業の本質は、単に火を使用することではなく、一回ないし数回作付けした後に、畑を放棄して別の場所に移動し、焼畑の跡地を自然の植生回復に任せることにある。それゆえ、畑の移動に着目するなら、それは移動耕作と呼ばれることもある。

この焼畑農業について、コスモ石油は、「生きるために森を焼く人たちに、森を守ろう、という言葉は届かない。焼畑による森林破壊‥毎分約三〇〇〇〇㎡……」という新聞全面広告を載せたのである。しかし、この広告は、放棄された焼畑の跡地で、植生が力強く回復することを見逃している。

放棄直後に、草と一緒に樹木がいっせいに芽生えてくる。そして、樹木がある程度の大きさになって茂り出すと、太陽の光が地面にあまり届かなくなる。そうすると、樹木の下に生えていた草が急速に枯れて減少する。さらに、数年から数十年たつと樹木は人間の腿ぐらいの太さにまで成長する。

カリマンタンの焼畑民は、休閑林（畑を休ませている間に成立する林）がこのような植生状態にまで回復するのを待ってから、再び「伐採―火入れ―種蒔き―除草―収穫」という作業を繰り返す。奥地での休閑期（放棄後再利用までの期間）は通常十数年であるが、彼らの認識からすると年数自体はあまり重要ではない。あくまでも、休閑期における植生の回復度合いが基準なのである。場所によって植生の回復速度が異なるので、たとえば一〇年といった年数にもとづくローテーションだと、燃やすためのバイオマス（木の幹や枝葉の量）を確保できる場所とできない場所とでばらつきが生じてしまう。植生の回復度合いに基づくローテーション方法は、人々の意識はともあれ非常に合理的なのである。……では、森を燃やすとどのような効果があるのだろうか。樹木を燃やすと跡に灰が残る。これが作物の肥料となる。また、火の熱により有機物の分解が促進されて養分が増え、同時に土壌が殺菌されて病害の予防にもなる。さらに、一度焼いた後の燃え残りを集めて再度燃やすという作業（二度焼き）によって、跡に生えてくる雑草の量が少なくなる。これによって、除草作業が軽減されるという効果もある。(24)

「科学的な生態学的知識（ＳＥＫ）」に基づいて設計された管理計画に従ってアリュート人はオットセイを「保全」したわけではなく、カリマンタンの人々も森林を「保全」したわけではない。また、「自然」をそのままの姿で保護しようとしてアリュート人はオットセイを「保存」したわけではなく、カリマンタンの人々も森林を「保存」したわけではない。オットセイの何歳のオスをどれだけの割合で間引くかに関するルール、あるいは植生がどこまで回復したら焼畑を行なうかに関するルールは、オットセイ獲りと焼畑農業をそれぞれの生業とする共同体的人間で

図６　保全・保存・保完

搾取
人　間
搾取
自然（動物 植物）
（自然と人間の二元論）
自然という資源を，
人間が最後まで
利用し尽す。
保全（設計的理性によるSEKの確立）
人　間
管理
自然（動物 植物）
（自然と人間の二元論）
自然という資源を，
持続的に利用できる
ように人間が科学的に
管理する。
保存
人　間
禁止
自然（動物 植物）
（自然と人間の二元論）
自然そのものを，
人間による利用を禁止
しても保護する。
保完（自生的にTEKが成立）
生業＝慣行＝実践
自然（動物・植物）
＝
自然化した人間
（自然と人間の二元論の否定）
自然という資源を保つことを，
「自然化した人間」の実践
により，まっとうする。

ある彼（女）らが繰り返す実践を通じて徐々に生成してきた「自生的秩序のルール」なのである。

共同体的人間のもつ「伝統的な生態学的知識（ＴＥＫ）」は、自然化した人間であるアリュート人やカリマンタンの人々の半ば無意識的な実践の累積によって形成されることになる。間宮は、「コモンズは人間のシステムと自然のシステムとの境界領域であり、そこでは人間は自然化され、自然は人間化される」と指摘するが、「保完」はまさに「自然化された人間」の存在を前提にする。すなわち、「オットセイや森林のような自然資源コモンズがそのままの状態を保ち続けられるように、自然化されたアリュート人やカリマンタンの人々のような共同体的人間が実践によって完うする」のである。しかし、アメリカの環境保護団体やコスモ石油は、自然と人間の二元論を自明の前提と考えているから、この「保完」の重要性をまったく認識することができず、自然化された人間であるアリュート人の実践を野蛮として断罪し、自然化された人間であるカリマンタンの人々の実践を無知として非難したのである。

戒能は言う。

小繫事件の当事者が自力で小繫山の合理的開発利用計画を立てないかぎり、漁民が海からくる漁獲を当てにしなければならないのと同様に、山に生えている樹木・草などを当てにしなければならないのは当然だった。……（供給量の）平均値を確保するために山林管理の条件を明らかにし、村民自身をしてそれを厳格にまもらせねばならないことが、海よりも一層必要であるという点で、慣習ないし村極めが一層よく発達しているといえないことはないのである。入会の山野、あるいは村山・山林の管理条件は、こうして昔からその村、その部落の人々にはほとんど自分の習性になっているという程度まで、身体で理解しているようである。……山入りの道具を鎌だけにするか、鉈や山刀をも持参するかというようなことは、（朝起きたら顔を洗って食事をすることと同様に）理窟ではなく習慣的慣習になっておらないと、山林管理の条件はなかなかまも

られにくいわけである。(25)

アリュート人のオットセイ管理のルールも、カリマンタンの人々の森林管理のルールも、小繋の農民の山林管理のルールと同様に、身体で理解されていたのである。実践によって習慣的慣習になるまで身体化されたルールは、「慣行」＝「生ける法」として共同体的人間の実践を再び規制することによって自生的に確立されていく。

6 入会権と生業

G・ハーディンは、論文「コモンズの悲劇」においてコモンズの消滅テーゼを提示したが、川島武宜は、論文「入会権の解体」においてコモンズ（入会権）の解体テーゼを主張した。川島は、入会権が解体する諸要因を、政治的要因・経済的要因・社会的要因に分けて、それぞれを次のように整理している。(26)

政治的要因——①地租改正、官民有区分にはじまり太平洋戦争後の農地改革に至る国家政策としての土地制度の変遷、②「三新法」から今次の町村合併に至る地方行財政制度の変遷、③森林行政・牧野行政・租税行政などを内容とする国家の産業・財政政策の進展、④登記制度・裁判制度をとおしての明治以降の司法政策の変遷、⑤軍馬政策、さらに近年における軍事基地・演習場設置の問題に至る国家の軍事政策の展開。

経済的要因——①草資源の変化。金肥の導入、購入飼料の増大、カワラ屋根の普及等の結果として、草採取の必要度が減少し、カヤ場の減少等の現象が多方面にわたって惹き起こされたこと、②薪炭材資源の変化。薪から炭への転換、さらに石油・プロパンガスその他の燃料の普及によって、炭焼用資源の需要度が減少したこと、③建築用資源の変化、④開墾・観光・軍事基地・水資源（発電等）、工場用地・道路敷地、鉱物資源との関係から、牧野の入会利用形態に変化が生じたこと。

社会的要因――①村落共同体の変化と解体・再編成が入会権に及ぼした影響、②入会を維持させ或いは解体させる地主制の構造、③林野の私的所有の変遷との諸関係、④資本による入会権の締め出し、⑤農民の意識の変化が入会権に及ぼす影響。

I・イリイチは、入会権が資本主義国家の私企業によって破壊されても、あるいは社会主義国家の国営企業によって破壊されても、それはコモンズが生産のための「リソース」に転化させられるために生じた破壊であると指摘していた。明治以降の日本の場合、生産とはもちろん「富国強兵」を実現するための生産であった。川島の挙げた互いに複雑に絡み合った諸要因のうち、政治的要因⑤は「強兵」のための「リソース」化をもたらすものであり、経済的要因④は「富国」のための「リソース」化を求めるものであった。そもそも小繋事件訴訟が提起されたのは、政治的要因①が原因であり、山地主のＫが小繋山の一部を陸軍省に売却したのは政治的要因⑤と深く関わっていた。

第三次小繋事件訴訟最高裁判決が農民を敗訴させた一九六六年、入会林野近代化法が制定された。それは、（古い権利とされていた）入会権を近代的所有権の論理に適合させようとする川島理論に依拠して、「入会権の解体」を促進したが、戒能通孝によれば小繋事件は、その「入会権の解体」テーゼ自体の妥当性を真正面から問うものであった。

戒能通孝は言う。

所有権は、物に対する最も包括的な支配権である。けれども米は食えるが着ることができず、布は着れるが食うことはできないなど、所有権の対象になる物の性質に従って、支配の仕方が違うのは当然のことである。それでは山の村にとって村山がどんな風に支配されるかというならば、その山は結局建築用材・薪・木の実・きのこ・わらびなどを年々変わりなく村民に提供されるようにしておかねばならないのであって、村山に求められるこの性質が変わらない限り、昔の「小繋御山」が名目的に立花喜藤太〔T〕私有に変っても、村山は村山以外のものとしてあることはできなかった。(27)

もし、近代的所有権の確立を目的とする制定法が農民たちの生活に優位するならば、近代的所有権の対象としての村山は最終的に土地＝自然という（擬制された）商品の交換価値によって支配され、山地主であるＫの「できるだけ高く売って儲けよう」という利益追求＝営利のための「リソース」となってしまう。だからこそ、戒能は、「生活が法に優位するという立場をとるのである」。

このような観点から注目されるのが「生業」という概念である。鬼頭秀一は言う。

人間の自然への働きかけの基本的で重要な「生業」という営みを、人間と自然の単純な二分法の中で否定的に捉えるのではなく、むしろ、「生業」こそが人間と自然とのかかわりそのものであると考え、人間の基本的な「生業」についてきちんとした考察を加えていくことが必要である。……（狩猟・採取・遊牧のような）「生業」を営む人たちは、自然に対して、より「共生的に」生活せざるをえない。それに比べて、例えば、農業という「生業」を考えたとき、……一定の耕地面積の中に、単一の作物だけを栽培するそのやり方は、明らかに生態系を破壊しているように見える。しかし、そのような形の農業という人間の「生業」の営みでさえも、継続的に安定的に、ある意味で持続可能な形で今日まで続いてきている。もし、そのような営みに「生態系の破壊」という表現を使うとすると、その表現は、人間の営み自体を否定し、自然と人間の関係に関して単純化しすぎていると言ってもいいだろう。(28)

また、大塚英二も、次のように問題を提起している。

従来の自然保護か開発かという二者択一論は、環境倫理の面でみてもすでに不毛に近い議論である。自然の多くが生産と生活に適するよう人間によって手をいれられてきたものだからである。重要なのは、人間と自然の関係性、人間の営みそれ自体へ目を向けることである。すなわち、生業という営みを基本的な人間の自然への働きかけとしてとらえなおし、そこから人間と自然との関わりを考察していく作業が求められるのである。(29)

鬼頭や大塚の議論を承けて、間宮陽介は、次のように論じる。

コモンズにおける経済活動＝産業は、生活に密着し生活を維持していくための活動という意味で「生業」と呼んでもいいであろう。資本主義化・市場化が進むにつれて生業としての農業や漁業はしだいに事業（ビジネス）としてのそれらに変貌していくが、地球上には農業・漁業が生活の一環として営まれているところは多い。この事業化する以前の生業に相応の価値を認めよ、というのが戒能の主張であり、この主張には復古的・農本主義的要素はない。地球環境問題という新たな文脈を背景にしたとき、彼の主張は新たな意義を獲得するであろう。(30)

白神山地のマタギや石垣島白保のオバアそして小繋部落の農民の「生業」はイリイチの言うヴァナキュラーなものの典型であるが、それは人間の営みによってコモンズを「保完」することを可能にする。つまり、「保完」とは、管理の主体と管理の客体が一体化した「自然化された人間」による生業の実践（＝半ば無意識的な行為の繰り返し）によって自生的にコモンズが維持されることを意味しているのである。しかし、それは、富国強兵のためにコモンズを「リソース」へと転化させる前提条件である近代的所有権制度の確立を目論む国家の方針と明確に対立するものであったから、川島が挙げた入会権の解体に関する政治的要因・経済的要因・社会的要因のすべてに抗して、実践され続けねばならないという大変な困難と直面していた。ここで問われなければならないのは、日本社会に、コモンズを「保完」するための生業の実践を支える思想がはたして何も存在しなかったのかということである。

それに一つの貴重なヒントを与えるのが、「その後、法律学以外の学問分野、農村社会学や歴史学の分野で、実は戦前における農村で村が持った共同性、土地の共同管理などについて、村落共同体をポジティヴに捉える議論が出てきており、我々に一定の問題を提起している。それを早くから指摘されていたのが、戒能先生ではなかったのか」という楜澤能生の示した見解である。[31] 実際、土地の共同管理について村落共同体をポジティヴに捉える議論は、もちろん強調点の置き方は多少変えながら、柳田國男―中村吉治―岩本由輝―鳥越皓之と継承されてきているのである。

7 近代的所有権と本源的所有権

川島武宜の近代的所有権理論と入会権の解体テーゼが関連していることが物語るように、コモンズは近代的所有権と相反するものである。しかし、岩本由輝が「わが国の慣行」から抽出した「本源的所有権」は、コモンズを支える機能をもつと考えられる。それを継承した鳥越皓之は、「所有の本源的性格にもとづく権利」を提示し、その権利に、農民が生業を実践しつづけることにより自生的に生成した耕作権や入会権（共同占有権）を含ませたのである。[32]

ところで、入会権のもつ経済的セーフティネット機能を指摘した宮本常一の著作に序文を寄せた柳田國男は、今から一〇〇年ほど前の二〇世紀初頭の時点で、「村の耕地は村に属する」＝「村の土地は村で利用する」という思想は歴史上の根拠をもつ思想であり、「今日の社会となりましても暗々裡に存外大きな勢力をもつて居る」と述べていた。[33]

この柳田の指摘は、「共同耕作」や「共同田植え」をめぐる地主と小作人の紛争について考察する場合、重要な示唆を与えるものである。

〔同じ裁判官が〕田植えをすでに終えたという現実をみて、高関争議では小作人側に、大高根争議では地主側に一応有利の判断を下していることからいえるのは、結局のところ、共同耕作などによって係争地にできるだけ早く既成事実をつくりあげた方がとにかくその年限りの耕作権の認定を受けることにつながるということである。……現実の裁判においても、とにかく栽植した者のその年度限りの耕作権を認めるという決定が下されているから、先手必勝ということで共同耕作・共同田植えが戦術として有効な役割を果したといえる。そのさいも裁判官が耕作権を認めるための判断をするにあたって、必ずしも「わが国の慣行」が具体的なものとして念頭にはなくとも、播かれた種子や栽植された稲苗という生物的な既成事実に関して法律条文の杓子定規の適用はできなかったのであろう。

このように述べて、岩本は、「このあたりに土地所有の本源性を知る手がかりがある」と考えている。

この見解は、「不動産ノ所有者ハ其不動産ノ従トシテ之ニ附合シタル物ノ所有権ヲ取得ス。但権限ニ因リテ其物ヲ附属セシメタル他人ノ権利ヲ妨ケス」と規定する民法二四二条の解釈をめぐる、末弘厳太郎と川島武宜の論争に一つの貴重な示唆を与えるものである。大審院民事部が、一九三一年一〇月三〇日に下した判決では、「民法二四二条但書に言う『権限』なくして播かれた種子や植えつけられた稲苗は、いずれも土地に附合する」としたが、「特に永小作権をもたない債権小作的な賃借関係の場合は、地主が小作地返還を要求すると賃借権が消滅し、但書のいう『権限』がなくなるため、小作人が不利となる」という結論が導かれた。この判決に反発した末川博と末弘厳太郎は、耕作者保護という観点から、ともに一九三二年に発表した論文において、『わが国の慣行』では、播かれた種子や植えつけられた稲苗は、独立の物として取引されているから、但書のいう『権限』の有無にかかわらず、つねに附合することはない」という趣旨の反対説を発表したのである。ところが、判決を基本的に支持する川島は、『「地上物は土地に従う』という法格言を表現した民法二四二条は、但書のいう『権限』のない場合は、植えつけられた稲苗を保護しない」と主張して、末弘から「概念法学だ」として叱責されたのである。川島は、「種をまいた人間が刈り入れるのだ」という法格言のあるゲルマン法と異なり、日本民法において「稲だけは違う」という結論を法律論から導き出すことは困難と考えたが、「稲というものは現実に植えつけた人間のものにならないはずはない」という信念をもつ末弘に拒絶されてしまったのである。(34)

ここでは「わが国の慣行」が鍵概念となっているが、この「慣行」について、間宮陽介がコモンズとの関連で、次のように論じていたことを想起されたい。「例えば慣行（プラクティス）においては同一の個人の中に管理の主体と客体とが同居している。一方に条文化された管理規則があり、他方にそれに従う村落民がいる、というのではなく、木を伐ったり草を刈ったりする行為（実践）のなかに両者が統合されているのである」。いま、間宮の言う「木を伐ったり草を刈ったりする」という表現を、「種を播いたり稲苗を植えつけたりする」という言葉に置き換えてみよう。そうすると、「種を播いたり稲苗を植えたりする行為（実践）のなかに両者（規則と農民）が統合されているのである」という命題を得ることができる。これこそ、末弘が、概念法学の対極に位置づけた、「生ける法」＝「生活（実践）の中にある法」を見出そうとする「社会法学」の立場なのである。

ところで、第二次世界大戦の敗戦後、農地調整法の改正や自作農創設特別措置法の制定などを実施した農地改革によって、いわゆる不在地主は、その所有する土地を安価で小作人に強制的に譲渡しなければならなくなり、これまで小作人を従属させていた地主自身があわてて自作農になろうとする事態が生じた。中村吉治は、福島県のある村の話として次のような事例を紹介している。(35)

この地方も、例外ではなく、今春あたりから、小作地取上げの問題が沢山起きてゐた。いつも円満にゆく筈はない。当然ごたごたが起る。ところが、春先のことである。いつまでも、もめている間に、春耕の時期が迫っている。そこで小作人の方では耕作をはじめた。ところが地主の方ではこれではならぬと、自分もその田の耕作にのり出した。耕作は幾段階かあるし、簡単には終らない。そこで競って早く出ては田に入る。隙をうかがって一方がまた入る。さういふ悶着が起きてゐることを、この春聞いたのであるが、それが夏まで続いたものもあるらしい。田植になって、小作人の植えた苗を地主が抜いて自分で田植をはじめたといふ事件が新聞にも出てゐた。

すなわち、平穏時には、「自分の土地である」→「自分で耕作し、自分で収穫を得る」という論理が展開するが、農地改革という変革時には、「自分で耕作し、自分で収穫を得る」→「自分の土地である」という論理へと逆転したのである。

中村は言う。

この話の場合、土地は、所有権は地主にあるに定まっている。しかし、小作人は永くその土地を借耕し、それで生活してゐたのであり、そして小作権、耕作権も生まれてゐるのである。所有権があるからといつて、勝手に、同意なしに取上げられるものではない。所有権だけが確立されてゐて、絶対的なものなら、それは問題はない。そして、今まで、さういふ考へかたが長く行はれてゐた。それでは一方的だから、小作権、耕作権が考へられ、発達してきた。小作人といへども、生活権はあるから、当然である。生活権は認め、守らねばならない。さうなつてきて、その間の関係が、しかしまだはつきりしないために、土地取上げの紛争が起きるわけであるが、紛争が起きるだけに、つまりは土地の帰属がはつきりしない。さうすると、自分の土地だから、自分で耕作するといふ考へかたではかたづかなくなつてくる。耕作するものがその収穫を得るといふ考へかたが入つてくる。

これは「わが国の慣行」と深く関わる問題であるから、中村は、「そもそも、土地が今のやうに誰かに所有されてゐることとか、それを借地人に耕させるとかいふことが、本来の土地の性質かどうかといふことまで、一度は反省してみなければならなくなる」と指摘するのである。

そのような観点から中村が注目するのが、既に『日本書紀』に記されている「シキマキ（重播種子）」の罪である。その解釈には、「前に種を蒔いたところへもう一度蒔くと、茂りすぎて育たない」ことを重視する説と、「種を蒔いたらその人のもので、それをあとからまた自分の種を蒔いてこれをわが田だという」ことだと考える説がある。中村は、江戸時代以降の学者の多くは前者の説を支持したが、さきに述べた「福島県の農村の話」を見れば、鎌倉時代から主張されている後者の説も「馬鹿げたこと」として斥けることはできないと強調する。

この古い話の時では、土地の所有といふものが定つてゐなかつたと思はれる。そして、村とか民族とかいふ集団の土地があつて、それを毎年村の中の家家が耕作するので、自分で耕作しては、それだけの収穫を得てゐたといふことだつたと思はれる。土地の所有が家家に分れてゐなければ、しかも家家といふものがあれば、かういふことは当然である。さうして、だんだんに、家家の所有する土地といふことになつたものと考へられるのである。ところで、さうして所有ではっきり定つてしまつたといつても、その間にはいろいろな所有権があるので、その行きついたところが、明治になつての、個人の所有権の確立だつた。今あるやうな土地所有権は、明治になつてのもの、百年たたぬものなのである。

かくして、中村は、近代的所有権を絶対視する川島と異なり、末川や末弘と同様、「耕作者保護という実践的目的」からそれを相対化する必要が生じたと考える。

〔個人の近代的所有権は〕それでいいとは定らない。小作人を保護する、小作権を守るといふことが、また出てきた。さうなつて、こんどは、いはば二つの権利が一つの土地にあることから、その紛争の間際に、古い話と同じ話がもちあがつたといふことになるのである。何の権利も出来上つてゐない時代に、働くものに収穫は帰属するという習慣があつたのと、権利が発達して所有権、小作権が出来てきたときに、耕作するものに収穫は属するという行きかたが生れてきたのと、同じといへば同じ違ふといへば違ふ話が、生まれてゐるのが面白いと思ふ。神話と現代と、中に何千年かをへだてゐる故に、なほ興味があるのである。

鳥越は、中村の見解を、「……明治以降、『個人の所有』を法的に設定しても、耕作権がその土地の基底に作動しているから、その作動にもとづきその土地所有者の所有権を制限する権利として小作権が認定されていたのだという主張」としてまとめている。間宮の「慣行」に関する論述に即して確認しておいたように、耕作権と入会権はパラレルな存在であるから、その土地の基底に作動している入会権は、その作動にもとづき〔山地主のＫのような〕土地所有者の所有権を制限する権利として機能する、と考えても、何の不都合もない。間宮が注目した、「〔戒能が〕生活が法に優位するという立場をとった」ことも、個人の近代的所有権を規定する制定法規範を土地の基底に作動している入会権をもつ農民の「生業」の観点から相対化している点で、中村の立場と軌を一にしているのである。

岩本は言う。

史料にあたってみると、種まきが適期に行なわれたかどうかということが、すでに十一世紀に問題となっている。また、十四世紀の請文では、畑をあとからすきかえしたことや、苅田狼藉したということが罪に問われている。以上のことからみても、耕地の所有権は、先に耕作しているということと深く係わっていたと解されるのであってそこに本源的な土地所有の問題があると思われる。このことは、〔旧漆山飛行場跡地紛争のように〕実は現代にもあてはまる。(36)

8　コモンズと「社会」の復権

中村の言う「耕作権」は、ここでヨリ一般的な「本源的土地所有権」という表現に言い換えられている。中村や岩本の問題提起を承けて、鳥越は次のように議論を展開する。

土地は原理的には労働を投下した者（あるいは組織体）の所有（占有）となる。しかし通常、土地は管理されなければならない。この土地の管理はその土地の生産性を維持するという機能（たとえば水利保全）ももつけれども、土地にかかわる人びと相互の競合をおさえ、秩序づけるという機能をもつ。この機能は伝統的には共同体の小組織（たとえば家や組）や共同体、ときには共同体を超えた制度体（たとえば国家）などに任されていた。この管理する側に焦点を置いて、管理権を所有とよべば、労働を投下し、耕作する側は、その権利をとらえて耕作権ということができる。そして、この耕作権には、……〔定住者の労働に直接つながっている占有というような〕所有の本源性が示されている。(37)

山地主のKが、たとえ法的に正当な所有権者であっても、本源的所有権の観点からすれば、農民たちが労働を投下して山を管理しつつ入会権を行使し続けている以上、その土地を好き勝手に処分することはできないのである。

川本彰は農村社会学の観点から次のように指摘する。

この一筆に働いている法的な力は私有権のみではない。その私的所有の底には、同族を含む家的な保有権、さらにその基底には、ムラ全体の保有権が働いているのである。家的な保有権についていえば、現在の農村でもある程度は、土地は基本的な家産であり、資本主義社会である今日といえども、土地が永続性を本質とする家産である限り、私的所有を超越する家の財産である。それが分家の場合では、分与財産としての土地は分家のものというより、本・分家を含む家のもの、同族全体のものであって、分家の分与財産には家全体を代表する本家の管理権が及ぶのであった。次のムラの保有権についていえば、ムラは家連合であり、家はムラなくして基本的に生活保障がなりたたない。そこから家産としての土地の利用はいくら私有財産であっても、ムラ全体の永続に支障をきたすものであってはならず、また逆に、ムラの永続があってはじめて家も家屋も永続性を得るのであった。要するに、ムラの土地はムラ総有のもとにある。ムラ総有下にある土地は、単なる入会地や共有地のみではない。また、道路、用水路のみではない。資本主義社会の私的所有原則が貫徹しているかにみえる私的所有地においても、またしかりである。ムラ全体の土地はムラ全体のもの、オレの土地もムラ人全体のオレたちの土地であった。(38)

この「総有」＝「本源的所有」の観点からすれば、ともに本家と分家・親と子・兄と弟の分裂をもたらした石垣島白保における「白保公民館派」と「白保第一公民館派」の対立や小繫部落における「反Ｋ派」と「Ｋ支持派」の対立がいかに悲劇的な事態であったかが分かる。「家」や「ムラ」の分裂は、コモンズの管理を不可能にし、生活保障をまったく成り立たなくするのである。

鳥越は言う。

……村落内の土地は各個人に所有や共有されているが、それらの土地には村落によって「総有」の網がかぶされているということである。いわゆる所有と合わせてそれを「土地所有の二重性」とよんでもよいかもしれない。……この「総有」は本源的所有の現代版である。(39)

川本彰が示唆していたように、この「土地所有の二重性」が最も顕著にあらわれるのは入会地（共有地）である。戒能通孝は次のように指摘している。

〔近世封建期の〕村持ち入会地に関しても、中には入会権利者たる村民の間に地盤所有の意識がほぼ明確に成長し、むしろ現代的所有に近い側面に進展せるものあるに違いないことを否定せんとする趣旨ではないが、少なくとも大多数にあっては、未だ文字通りに社会的占有の状態に置かれ、おそらくは〝自己の物〟・〝他者の物〟という確乎たる意識が成立してはいなかったに相違ない。(40)

本源的所有とは、K・マルクスの定義に従えば、戒能が論じた近世封建期のような資本制生産が成立する以前の存在物であるから、当然、コモンズはまだ生産のための「リソース」には転化しておらず、それゆえ、「社会的占有」としての性格を維持していたのである。

ところで、「一九九〇年代以降、日本では、政治的な言葉としての『社会』が、急速に衰滅しつつある」と指摘する市野川容孝は、「『リベラリズム』というカタカナ語が急浮上し、あるいは『正義』や『公共』といったそれまでさほど目立たなかった日本語が突如、迫り出す一方で、『社会』という言葉が忽然と姿を消す」ことに違和感を示している。(41) しかし、コモンズの再評価がなされ始めた今日、「社会」もまた甦りつつあるように思われる。戒能が擁護しようとした岩手県二戸郡小繋村の農民の入会権と末弘が擁護しようとした山形県谷地町高関の農民（小作人）の耕作権は、互いに「社会」法学によって結びついている。そして、この「社会」こそ、近代的所有権における所有権者の処分の「自由」を相対化するものなのであった。戒能の「社会」法学は、末弘の「社会」法学の一つの完成期にその起点を有しているゆえに、末弘の示した「社会の力学的構造論」の戒能の『入会の研究』への影響は決定的なものがあった。戒能は、その『入会の研究』の主要モチーフを次のように要約している。

「私は要するに入会なる一つの法律関係を中心に、内面的には封建的物権法観念と、近代法的物権理論の交流過程、ならびに封建的物権法を基礎づける封建的政治原理の性格と、近代的物権法を基礎づける集権的政治原理の対照を以て、本書の目的の一つ」とし、こうして「入会の歴史」に関する研究ではなく、むしろ「外面的には旧時代と異った地盤の上に、内面的にはいかに昔の精神が横たわっているかということ」、およびそのことが「現在の農村生活に対してまで、いかなる意味をもたざるを得ないか」を探求することに力点を置く、と。(42)

川島武宜は、戒能の『入会の研究』について、「入会という伝統的権利を、民法典が構成しているような近代法的概念をとおして理解するという立場をとらないで、そのような伝統的権利をつくりだし又これを支えている現実の規範関係に即して理解するという方法」に基づいていると指摘する。そして、「著者（＝戒能）が私（＝川島）のいわゆる『峻別の論理』に支配された観念的な近代的所有権の意味に則らないで、むしろ現実主義的な封建的所有の体系に則って入会の諸関係を新たに再認識しこれを一つの continuum の上に再構成した試み」をなしえたことは、高く評価できると言う。(43)

川島がネガティヴな意味あいを込めて語った封建的所有が、鳥越によってポジティヴな意味あいを付与されて問題提起され始めた本源的所有であることは疑問の余地がなかろう。

川島の指摘から、川島の近代的所有権⟷末弘と戒能の本源的所有権（＝封建的所有権）という対立の構図が浮かび上がることは自明である。すなわち、こうである。

高関事件訴訟――高関の地主であるＭ（＝所有権者）の土地処分の〈自由〉を保障する近代的所有権＝観念性と絶対性で特徴づけられる近代的所有権を重視する川島による「耕作権の否定」の論理⟷小作地での耕作を「生業」として現実に実践する農民の耕作権を支える本源的所有権＝地主の土地を共同耕作する農民保護の観点から耕作権を肯定する末弘の〈社会〉法学の論理。

小繋事件訴訟――小繋山の山地主であるＫ（＝所有権者（？））の山林処分の〈自由〉を保障する近代的所有権＝

観念性と絶対性で特徴づけられる近代的所有権を重視する川島による「入会権の解体」の論理⟷入会地での山林管理を「生業」として現実に実践する農民の入会権を支える本源的所有権＝山地主の山林を共同管理する農民保護の観点から入会権を擁護する戒能の〈社会〉法学の論理。

ところで、楜澤能生は、コモンズの性格として、①人間と自然とが「生業」のもつ具体性・全体性において関係をとり結ぶこと、②所有権者の私的管理や行政の公的管理に包摂されない公共空間であることの二点を挙げる。そして、戦後日本の農地制度体系を支える二つの原理として、ⓐ耕作者主義、ⓑ農地の自主管理があると指摘した上で、ⓐ耕作者主義がコモンズの性格①の「生業」のもつ具体的・全体的な関係性に、ⓑ農地の自主管理がコモンズの性格②の公共空間の共同管理にそれぞれ対応していると示唆している。[44] かくして、楜澤によるコモンズの性格づけにおいて、末弘「社会」法学と戒能「社会」法学は完全に収斂することになる。

近代的所有権が、土地や山林というコモンズの市場における商品への擬制（K・ポランニー）や生産のための「リソース」への転化（I・イリイチ）を促すのに対し、本源的所有権は、そのようなコモンズの商品や「リソース」への擬制や転化を阻止するのである。

鳥越は、本源的所有権の現代的な一現象形態と見なすことのできる「共同占有権」が、近代的所有権の意味における所有権者の処分の「自由」を制約する機能に着目し、神戸市の真野地区のまちづくりにそれが役立っていると指摘している。[45] 真野地区のまちづくりとは、「民主主義の限界づけ」を力説する井上達夫に対して、名和田是彦が参加民主主義の足腰を強くすることの必要性という観点から重視した事例である。ここにも、リベラリストの井上達夫の擁護する「自由」とコミュニティの自治を尊重する名和田の視線が向けられる「社会」の対立が確認される。

鳥越による「共同占有権」の主張は、地域住民の「景観利益」を認めた国立マンション訴訟東京地裁判決のような「光」の側面をもつ。この判決に着目する矢作弘は、「景観利益」のもつ意義は、「入会地（コモンズ）の管理」との相似性において、ある程度の説明が可能であると言う。

……入会の成立ははるかに歴史が古く、慣習に基づく。この慣習を守るのはモラルであり、共同体のコモンセンスである。あるいは、慣習を破ると祟りがあるなどの教えである。破れば罰則がある（村八分など）。そこでは、共同体構成員相互の自己規制が働いている。確かに、入会権は、その共同体に暮らしていれば万人に認められる権利ではない。入会グループがその出入りを決める。その意味では、コミュニティに生活していれば、新参者を含めてだれでも認められる景観権（望ましい景観を享受する権利）とは違うが、便益の有限性、便益を絶やさないための、あるいはステイクホルダー相互の努力／自己規制、慣習としての約束などの上に成立している――において、「入会地（コモンズ）のサスティナビリティ」と「美しい街景観の保全／養育」は、共通するルールの上に成り立っている。(46)

現在世代の所有権者に絶対的な処分権を付与する近代的所有権と異なり、本源的所有権は将来世代の所有権者から現在世代の所有権者に信託されたものと考えることもできるから、それは〈いま・ここで〉たまたま所有権者であるものの身勝手な土地利用を禁止ないし制約することにより、景観を含む環境的セーフティネットの保障という観点からも高く評価できるのである。

しかし、矢作も指摘するように、入会権は、祟りや入会グループが課す村八分のような不利な立場の少数者の人権侵害、豊前環境権裁判で証言した被差別部落の青年のような不利な立場の少数者の入会グループからの排除などの「闇」の側面をもつ。入会権は、オープンコモンズではなくクローズドコモンズに関する権利であるから、そのコモンズへのアクセスが不当に拒まれる場合も生じえるのである。それゆえ、共同占有権に基づく「景観利益」の保障と本源的所有権に基づく「入会地（コモンズ）のサスティナビリティ」の確保が相似性をもつと言っても、鳥越のように本源的所有権を無条件的に賛美することは、ほかならぬ鳥越が注目する岩本由輝自身が警告するように、その意図はたとえ善意に基づくものであっても、日本社会のファシズム化に結果として手を貸す「安易な共同体評価」[47]に陥る可能性にも開かれているのである。それは、戒能が、川島の入会権の解体テーゼに反対しつつも、主体的な「市民」の立場を堅持するために、橋本文雄の「社会法」概念に強い警戒心を示している事実と通底している。

（1）以下、小繋事件をめぐる事態の推移については、戒能通孝『小繋事件』（岩波書店、一九六四年）参照。
（2）岡林辰雄「弁論要旨（第一回）」戒能通孝編『小繋裁判』（日本評論社、一九六五年）三頁以下。
（3）宮本常一『宮本常一著作集7』（未来社、一九六八年）二九一頁以下。
（4）室田武『エネルギーとエントロピーの経済学』（東洋経済新報社、一九七九年）一八六頁以下。
（5）田山輝明「小繋事件」『ジュリスト』九〇〇号所収参照。
（6）中尾英俊「入会権の存否と入会地の処分」『西南学院大学法学論集』三五巻三＝四号所収参照。
（7）北條浩『林野入会の史的研究（上）』（御茶の水書房、一九七七年）一九一頁以下、田山輝明『米軍基地と市民法』（一粒社、一九八三年）一二〇頁以下、室田武「コモンズと人が創る次代の環境」三俣学ほか編『コモンズ研究のフロンティア』（東京大学出版会、二〇〇八年）二二一頁以下。
（8）三俣ほか編・注（7）二一六―二一七頁。
（9）加藤尚武『環境倫理学のすすめ』（丸善、一九九一年）。
（10）森岡正博『生命観を問いなおす』（筑摩書房、一九九四年）。
（11）H・ヨナス『責任という原理』加藤尚武ほか訳（東信堂、二〇〇〇年）、K・S・シュレーダー＝フレチェット「テクノロジー・環境・世代間の公平」京都生命倫理研究会訳『環境の倫理・上』（晃洋書房、一九九三年）一一九頁以下。
（12）山村恒年『検証しながら学ぶ環境法入門（第三版）』（昭和堂、二〇〇六年）二七頁以下。
（13）松井茂記『日本国憲法』（有斐閣、一九九九年）と浦部法穂『全訂・憲法学教室』（日本評論社、二〇〇〇年）を比較せよ。
（14）ただし、将来世代から先天性障害者などが排除されてはならない。小畑清剛『近代日本とマイノリティの〈生―政治学〉』（ナカニシヤ出版、二〇〇七年）第一章参照。

（15）以下、自由市場環境主義については、片山博文『自由市場とコモンズ』（時潮社、二〇〇八年）六五頁以下による。
（16）以下のポランニーの議論はすべて、K・ポランニー『経済の文明史』玉野井芳郎ほか訳（筑摩書房、二〇〇三年）三一頁以下による。
（17）I・イリイチ『シャドウ・ワーク』玉野井芳郎ほか訳（岩波書店、一九八二年）一一八頁以下。
（18）玉野井芳郎『生命系のエコノミー』（新評論、一九八二年）二四六頁以下。
（19）L・ホワイト『機械と神』青木靖三訳（みすず書房、一九九九年）七六頁以下。
（20）J・パスモア『自然に対する人間の責任』間瀬啓允訳（岩波書店、一九九八年）二頁以下。
（21）以下の間宮陽介の議論はすべて、間宮陽介「コモンズと資源・環境問題」佐和隆光ほか編『環境の経済理論』（岩波書店、二〇〇二年）一八一頁以下による。
（22）戒能・注（1）四二頁以下。
（23）梅崎義人『動物保護運動の虚像』（成山堂書店、二〇〇一年）一四六頁以下。
（24）井上真『コモンズの思想をもとめて』（岩波書店、二〇〇四年）一〇頁以下。細川弘明の表現を用いて言えば、コスモ石油の思想は「濡れ衣は『野蛮人』に着せろ」というものである。細川弘明「先住民族の視点から環境を考える」椙田劭ほか編著『共感する環境学』（ミネルヴァ書房、二〇〇〇年）一六二頁以下。
（25）戒能・注（1）三七—三八頁。
（26）川島武宜『川島武宜著作集8』（岩波書店、一九八三年）二七頁以下。なお、渡辺洋三『入会と法』（東京大学出版会、一九七二年）序論も参照。
（27）戒能・注（1）三八頁。
（28）鬼頭秀一『自然保護を問いなおす』（筑摩書房、一九九六年）一一五頁以下。
（29）大塚英二「百姓の土地所有」五味文彦ほか編『土地所有史』（山川出版社、二〇〇二年）。
（30）間宮・注（21）一九七頁。
（31）楜澤能生「農地所有権とコモンズ」楜澤能生ほか『コモンズ・所有・新しい社会システムの可能性——小繋事件が問いかけるもの』（早稲田大学、二〇〇七年）二二六頁以下。
（32）以下の鳥越皓之の議論はすべて、鳥越皓之『環境社会学の理論と実践』（有斐閣、一九九七年）による。

(33) 以下の岩本由輝の議論はすべて、岩本由輝『村と土地の社会史』(刀水書房、一九八九年)による。
(34) 川島武宜『ある法学者の軌跡』(有斐閣、一九七八年)六五頁以下。近代的所有権については、川島武宜『所有権法の理論』(岩波書店、一九七四年)参照。
(35) 以下の中村吉治の議論はすべて、中村吉治『社会史論考』(刀水書房、一九八八年)一三〇頁以下による。
(36) 岩本・注(33)五一頁。
(37) 鳥越・注(32)五四頁。
(38) 川本彰『むらの領域と農業』(家の光協会、一九八三年)二四三頁以下。
(39) 鳥越・注(32)五六頁。
(40) 戒能通孝『入会の研究』(一粒社、一九五八年)五七四頁以下。
(41) 市野川容孝『社会』(岩波書店、二〇〇六年)一三頁以下。
(42) 戒能・注(40)一〇頁以下。
(43) 川島武宜「書評・戒能通孝著『入会の研究』」『法社会学』一号所収参照。
(44) 楜澤・注(31)一一九—一二二頁。
(45) 鳥越・注(32)六五頁以下。
(46) 矢作弘「不文律の約束事として守られてきた美しい街景観」鈴木龍也ほか編『コモンズ論再考』(晃洋書房、二〇〇六年)一四一頁以下。
(47) 岩本・注(33)「はじめに」参照。

終章 コモンズと環境(公害)訴訟

公害とは、コモンズが汚染ないし破壊されることと考えることができる。以下では、このような観点から、これまでの議論を総括しておくことにする。

◎水俣病は、チッソ水俣工場から排出された無機水銀が海水という(Ⅲ)自然資本コモンズ＝ⓐアクセスフリーなオープンコモンズの中における食物連鎖によって化学的・生物的変化を起こしてメチル水銀となり、それが不知火海という(Ⅱ)自然空間コモンズ＝ⓐアクセスフリーなオープンコモンズを汚染し、その汚染された不知火海に生息する魚介類という(Ⅰ)自然資源コモンズ＝(ⓑルースな或いはⓒタイトな)クローズドコモンズの体内に高濃度に貯蓄されたことに起因する。その汚染された自然資源コモンズを摂取した周辺地域住民が重篤なメチル水銀中毒症に罹患したのである。ここには、(汚染された海水という)自然資本コモンズ→(汚染された不知火海という)自然空間コモンズ→(汚染された魚介類という)自然資源コモンズ→(汚染された)人間の身体という汚染のコモンズ連鎖が確認される。自然資本コモンズの汚染は水俣地方に限られているとは言え、国土の四方を海に囲まれている日本人にとって、海水の汚染はまさに「みんなのモノ」の汚染を意味し、また昔から魚介類を好んで食してきた日本人にとって、魚介類の汚染もまた「みんなの食べ物」の汚染を意味した。それゆえ、これらのコモンズの汚染は、すべての国民に生命の危機を強く印象づけたのである。したがって、チッソ水俣病川本事件訴訟も、もし自分たちが水俣で生活していたら川本と同じように水俣病を発症していたかもしれないと考える多くの国民の関心を惹きつけた。だからこそ、倒錯した第一審判決も、その倒錯を正した控訴審判決も、被告人と検察官を聞き手とする裁判の紛争解決機能の水準のみでなく、多くの日本国民（および心ある世界の人々）を聞き手とする裁判の政策形成機能の水準で大きな影響を与えることになった。東京地裁の倒錯判決が聞き手である水俣病患者に、「(歴代のチッソ幹部を殺人罪で告訴することを）決心させた」という法的発語媒介効果＝間接波及効を遂行させたのも、その具体例の一つである。

あるいは、チッソ水俣病川本事件訴訟は純粋な刑事訴訟であり、公害訴訟ではないと反論する向きもあるかもしれない。しかし、控訴審の〈法廷〉で被告人側の弁護士は、労働法原理と公害法原理の類似性を強調し、本件訴訟では「弱者保護＝被害者救済・強者抑制＝加害者制裁」法理が適用されるべきだと主張したのである。水俣病患者である被告人は、倒錯した第一審判決では、抽象的なるもの＝近代市民法的人間として裁判官により審かれたが、その倒錯を正した控訴審判決では、公害病患者＝弱者であるという具体的特性を汲み上げられるべき現代社会法的人間として裁判官によって救済されたのである。それは、魚介類という自然資源コモンズ＝「(周辺地域住民の生存に不可欠な）みんなの食べ物」がチッソという加害者＝強者によって汚染されたことの重大性を、東京高裁裁判官のみが正しく認識しえたことを意味している。

◎ 土呂久鉱害は、大正時代に開始された亜砒焼きによって放出された砒素と亜硫酸ガスが大気という(Ⅲ)自然資本コモンズ＝ⓐアクセスフリーなオープンコモンズを汚染したことに起因する。もちろん、森林や河川などの(Ⅱ)自然空間コモンズも、樹木・山菜・キノコなどの(Ⅰ)自然資源コモンズも同時に汚染されたが、汚染のコモンズ連鎖が問題となった水俣病とは異なり、土呂久鉱害では、周辺地域住民は、汚染された大気という自然資本コモンズに含まれる砒素の持続的な曝露を直接に受けて慣性砒素中毒症に罹患したのである。大気とは呼吸によって生命を維持する人間にとって必要不可欠な自然資本コモンズであるが、それがまさに生存のためにアクセスすることを回避できない（無条件に開かれた）コモンズであるからこそ、それから逃れることは完全に不可能となる。自然資源コモンズである魚介類の大嫌いな住民は、たとえ水俣に居住していたとしても、その「食べ物」さえ口にしなければ、あるいは水俣病を発症しなかったかもしれないが、コモンズ連鎖に関わりなく、汚染された大気という自然資本コモンズを直接に呼吸しなければならなかった土呂久の住民は、重篤な慢性砒素中毒の罹患を免れることはできなかった。ここに、自然資源コモンズの汚染に起因する公害病と、自然資本コモンズの汚染に起因する公害病の一つの相違点が見出されよう。

土呂久鉱害訴訟で、原告＝公害被害者は、第一審判決および控訴審判決においてともに勝訴したが、とくに控訴審の「勝訴」判決は現代社会法的人間である公害病患者にとって極めて重い意味をもつものであった。すなわち、本件訴訟では、「弱者保護＝被害者救済・強者抑制＝加害者制裁」法理の後半部分が、稼業していないゆえに自らを加害者と認めようとしない住友金属鉱山＝被告によって拒絶され続け、裁判が異常に長期化してしまったのである。また、控訴審判決が、公害健康被害補償法による給付額を損害賠償額から差し引くという判断を示したことも、公害被害者＝弱者を追いつめることになった。かくして、時間と資金という民主主義のコストに耐えられなくなった高齢の原告＝公害被害者は、〈法廷〉において被告の法的責任を明確化することをついに諦め、最高裁での和解に期待を寄せざるをえない状況に陥ったのである。かつて、足尾銅山鉱毒事件に直面した田中正造は、まず議会という民主的な意思決定プロセスでの問題解決を志向したが、結局それを断念し、最後は天皇への直訴という非常手段を選択した。それは、天皇のパターナリズムに問題解決を委ねてしまうことを意味する。一九〇一年の田中正造による天皇への直訴と一九九〇年の土呂久鉱毒事件についての最高裁での和解は、二つの鉱毒問題がともに議会や裁判所における民主的な意思決定プロセスで解決することができず、最終的には天皇や最高裁裁判官という「お上」の「温情」に訴えかけなければならなかったという空しさを物語るものである。ここに、「具体的特性を汲み上げてもらう」＝「救済してもらう」という受動態で特徴づけられる現代社会法的人間の最大の弱点が露呈することになる。戒能通孝がコモンズの意義を強調しつつも、「社会法」に警戒心を示した理由も、現代社会法的人間からエリートとしての「市民」がもつべき「主体性」が欠如してしまう点に存在する。

◎ 大阪空港公害訴訟と名古屋新幹線公害訴訟は、騒音・振動によって静寂という(Ⅲ)自然資本コモンズ＝ⓐアクセスフリーなオープンコモンズが破壊されたことに起因する。水俣病のメチル水銀中毒や土呂久鉱害の慢性砒素中毒のような可視的で特定可能な重篤症状を示すわけではないが、これらの自然資本コモンズの破壊がもたらす健康被害は、睡眠不足・苛立ち・不快感などの(精神的苦痛を伴う)しばしば認識困難ではあるが不特定多数に生じるものとなる。これらは、空港の離着陸コース周辺および新幹線の高架周辺にたまたま居住するだけで蒙る健康被害であるから、他の地域において同様の交通機関によるコモンズ破壊に苦しむ人々を含め、多くの国民の関心を集めることとなった。静寂とは健康な生活を営むために人間にとって不可欠な自然資本コモンズであるが、それが健康な生活のためにアクセスを回避できない(無条件に開かれた)コモンズであるからこそ、逆にその自然資本コモンズが破壊された場合には、その破壊の影響から逃れることはほとんど不可能となる。それゆえ、とりわけ、大阪空港公害訴訟と名古屋新幹線公害訴訟で原告＝公害被害者の差止請求が認容されるか否かは、双方の訴訟当事者を聞き手とする裁判の紛争解決機能の水準を超えて、同様の空港公害および新幹線公害に苦しむ他地域の住民を聞き手とする裁判の政策形成機能の水準で重大な問題を提起することになった。すなわち、原告の差止請求が認容される勝訴判決の場合、「（同じような公害で苦しむ他地域の住民に同様の差止請求訴訟を提起することを）決心させる」という法的発語媒介効果＝間接波及効が惹起されると考えられたのである。地域こそ異なれ、空港公害や新幹線公害はそれを蒙る「みんな」を苦しめるものであるから、勝訴判決のインパクトはそれに勇気づけられるであろう「みんな」に波及していき、各地の「みんな」が次々と訴訟を提起することは十分に考えられるのである。これは、静寂という自然資本コモンズの破壊が、国民の誰にとっても健康な生活の営みのために必要な「みんなの静かさ」の侵害であることを意味している。したがって、この「訴訟提起を促進する」という法的発語媒介効果＝間接波及効に関するリフレクションを判決に反映させることは認められるか否かが、従来型訴訟と異なる現代型訴訟の特殊性を考慮すべきか否かという問題と結び付いて、訴訟法学の中心問題の一つとして浮上してくるのである。そして、裁判官が、判決にそのリフレクションを反映させるか反映させないかによって、裁判制度がどのように自己組織化していくかが決定されることになる。現代型訴訟において、裁判官は〈法廷〉で、「（現代型訴訟に関する）ルールを創りつつある」＝「現在進行形」および「（現代型訴訟に関する）ルールが既に創られている」＝「完了形」という二つの時制に関与しなければならないのである。

水俣病や土呂久鉱害の被害者は典型的な現代社会法的人間であるが、欠陥空港や欠陥新幹線の公害に苦しむ人々の健康被害は、それほど重篤ではないと考えられるかもしれない。また、運輸省や国鉄（当時）は、「私」企業として経済的利益のみを追求するチッソや住友金属鉱山と異なり、いわゆる「公共性」を〈法廷〉での議論の前面に押し出してくる。それゆえ、ここでは、「みんなの利便性＝公共性」と「みんなの静かさ＝静寂」が単純に利益衡量され、騒音や振動による健康被害は生命の危機に到らないと見なされて、受忍限度の範囲内という判断が下される可能性が高い。公共交通機関も社会的共通資本である以上、ここでは二種類のコモンズ＝「みんなのモノ」が比較されて、差止請求が棄却されることになる。しかし、見逃してはならないのは、たとえ水俣病や土呂久鉱害の被害者のように重篤でないとしても、静寂というコモンズの破壊に苦しむ人々にも「弱者保護＝被害者救済・強者抑制＝加害者制裁」法理が適用されなければならないことである。ここにも、国＝強者⟷公害被害者＝弱者という力の非対称の関係が確認される。それゆえ、〈法廷〉における原告と被告を抽象的なるもの＝近代市民法的人間と見なした上で、「みんなの静かさ＝静寂」と「みんなの利便性＝公共性」という二つのコモンズを単純に利益衡量してしまうならば、それはチッソ水俣病川本事件訴訟東京地裁判決と同様、倒錯した結論が導かれることになろう。

◎ 火力発電所の建設差止めを求めた豊前環境権裁判が提起された時点では、いまだ大気や海水のような(Ⅲ)自然資本コモンズ＝ⓐアクセスフリーなオープンコモンズはまったく汚染されていない。しかし、原告の松下竜一らは、火力発電所が稼働し始めると、亜硫酸ガスや窒素酸化物が大気中に放出され、温排水が海中へ排出されることになると強調した。それが豊前平野や豊前海という(Ⅱ)自然空間コモンズ＝ⓐアクセスフリーなオープンコモンズを汚染し、その汚染された豊前平野に生育する樹木や豊前海に生息する魚介類という(Ⅰ)自然資源コモンズ＝(ⓑルースな或いはⓒタイトな)クローズドコモンズを汚染すると予想されるのである。原告がしばしば四日市ぜんそくに言及している事実からも明らかなように、大気は呼吸によって生命を維持する人間にとって必要不可欠な自然資本コモンズであり、それがまさに生存のためにアクセスすることを回避できない(無条件に開かれた)コモンズであるからこそ、それが火力発電所から放出されるであろう亜硫酸ガスや窒素酸化物によって汚染されたならば、周辺地域住民はその汚染されたコモンズから逃れることは完全に不可能となるのである。豊前平野に居住する多数の住民は、「みんなのモノ」である大気の汚染による呼吸器系の疾病に罹患する危険性に晒されていたのである。

したがって、豊前環境権裁判は、双方の訴訟当事者を聞き手とする裁判の紛争解決機能の水準を超えて、原告以外の豊前平野に居住する住民（および公害問題に関心をもつ多くの国民）を聞き手とする裁判の政策形成機能の水準においても大きな影響を与えることになった。本件訴訟が、損害賠償請求訴訟であった水俣病訴訟や土呂久鉱害訴訟と異なり、また公害発生後の差止請求訴訟であった大阪空港公害訴訟や名古屋新幹線公害訴訟とも異なり、いまだ公害が発生していない段階で提起された建設差止請求訴訟であったために、それは社会問題開示機能として現象することになった。すなわち、原告が〈法廷〉で火力発電所の稼働により発生することが予想される公害の深刻さを訴えることにより、火力発電所建設を阻止することの重大さを〈法廷〉外の聞き手である周辺地域住民に開示するのである。当然、裁判の社会問題開示機能により、「みんなのモノ」であるコモンズが汚染されることの深刻さを認識した聞き手は、仮に松下ら原告が敗訴したとしても、今度は「みんな」の一員である自分自身が新たな原告として、同趣旨の訴えを提起しようと考えることになろう。大気という自然資本コモンズが汚染されることの危険性の有する特徴が、「みんなのモノ」を汚染から護るために「みんな」が次々と訴訟を提起していくという事態を招きかねない本件訴訟に関して、紛争管理権の問題を大きく浮上させることになる。紛争管理権は、原告に対して請求棄却判決が確定した後に、原告以外の周辺地域住民が同趣旨の訴えを提起して請求認容判決がなされることは好ましくないと考え、判決効の拡張を主張するものである。ここには、裁判の紛争解決機能を強化しようとする意図が明確に認められるが、他方でそれがコモンズが汚染されないことに法的利益をもつ原告以外の周辺地域住民の裁判を受ける権利を不当に制限することにならないかという疑問をもたらすことになる。

公害はいまだ現実に発生していないゆえに、原告を含む周辺地域住民は（可能的な）公害被害者であり、被告は（可能的な）公害加害企業であるにとどまる。したがって、「弱者保護＝被害者救済・強者抑制＝加害者制裁」法理もそのままでは適用されないことになる。実際、松下ら原告は、「救済してもらう」という受動態で特徴づけられる現代社会法的人間としてではなく、〈法廷〉に参加して堂々と社会問題を開示する近代市民法的人間――その「光」の側面を示す「科学市民」――として主体的・能動的に行動したのである。

また、本件訴訟は、環境権という新しい権利の生成についても貴重な示唆を与えている。すなわち、環境権のような権利の生成について、裁判官の〈法廷〉における活動は常に上位の権利概念に導かれつつ下位の権利を創造することに限られなければならないという原則の下にあるが、最上位の原理的権利はその内容が曖昧であるゆえに、例えば幸福追求権や生存権として一応は形式的に憲法に規定されていても、その具体的な源泉は「みんなのモノ」を汚染から護る権利＝環境権を幸福追求権や生存権に含ませるべきか否かに関する社会的コンセンサスに求めざるをえないことになる。ここでもまた、裁判官は〈法廷〉で、「(環境権という)権利を創りつつある」＝「現在進行形」および「(環境権という)権利が既に創られている(規定されている)」＝「完了形」という二つの時制に関与しなければならないが、この二つの時制のギャップを埋めるのが、環境権に関する社会的コンセンサスの存在とされるのである。大気のような自然資本コモンズは「みんなのモノ」であるからこそ、その大気の汚染を環境権によって差止めようとする豊前環境権裁判では、「みんなのコンセンサス」によって「(環境権という)みんなの権利」を正当化することは特に有益と考えられるのである。

◎ 白神山地の森林は(II)自然空間コモンズであり、その森林に生息する動物や生育する樹木は(I)自然資源コモンズである。それは、マタギの有する「伝統的な生態学的知識」によって大切に護られてきたⓒタイトなクローズドコモンズと見なすことができるものであった。青秋林道の建設により消滅の危機に陥ったのは、後に世界遺産に指定された広大な天然ブナ林を含む自然空間コモンズと自然資源コモンズであった。他方、石垣島白保のイノー(サンゴ礁湖)は(II)自然空間コモンズであり、そのイノーに生息する魚介類や生育する海藻は(I)自然資源コモンズである。

それは、琉球王朝時代からの慣習の中で確立されたⓑルースなクローズドコモンズと見なすことができるものであった。新石垣空港の建設により消滅の危機に陥ったのは、世界でも貴重なアオサンゴ群落を含む自然空間コモンズと自然資源コモンズであった。

チッソ水俣病川本事件訴訟では、近代市民法的人間と現代社会法的人間の相剋が問題となったが、白神山地と石垣島白保のコモンズの保護については、人間―自然系および人間―人間系における「生ま身」の関係を志向する共同体的人間とそれらの系における「切り身」の関係のみを想定する近代市民法的人間の対立が表面化した。すなわち、コモンズの管理を、白神山地のマタギや石垣島白保のオバアという共同体的人間の生業を尊重しつつ行なおうとする立場と、経済的利益の追求を当然視する近代市民法的人間を前提に進めようとする秋田県や沖縄県の立場の対立である。後者の立場を徹底すると、マタギらが伝承してきた貴重な山村文化が破壊されて「自然からの人間の疎外」が生じたり、あるいはオバアらが集う白保公民館が分裂させられて「人間からの人間の疎外」が生じたりすることになる。

◎小繋事件訴訟は、環境問題とは何の関係もないと考えられるかもしれない。しかし、小繋山の山林が(Ⅱ)自然空間コモンズ＝ⓒタイトなクローズドコモンズであり、その山林に成育する樹木や山菜が(Ⅲ)自然資源コモンズ＝ⓒタイトなクローズドコモンズである以上、それらが小繋山についての所有権者であると自称する山地主のKによって解体されることは、長期的に見て、環境的セーフティネットを破壊することを意味するのである。たしかに、共有林を有する入会地は、これまで経済的セーフティネットの観点からのみ高く評価されてきた。それゆえ、本件訴訟の場合、入会稼ぎを行なうために入会権を行使しようとする「反K派」の農民と入会権を否定する山地主のKの対立は、ともに現在世代に属する人間どうしの「経済」次元の対立と見なされてきた。しかし、コモンズを、「自然化した人間」である共同体的人間の半ば無意識的な実践を通じて維持されるものと考える時、その資源管理のルールは、共同体的人間の生業が祖先（過去世代）から現在世代を経て子孫（将来世代）にまで持続することにより自生的に成立していくと理解することができる。したがって、自己が所有する山林で伐採した材木を売却しようとする山地主のＫと共有林の伐採を阻止するために入会権を主張する「反Ｋ派」の農民の対立は、現在世代に属する人間と将来世代に属する人間の「環境」次元の争いと見なすこともできるのである。ゆえに、小繋事件訴訟は、表層においては経済的セーフティネットに関わる現在世代に属する人間どうしの争いであるが、深層においては環境的セーフティネットに関わる現在世代に属する人間と将来世代に属する人間の争いなのである。小繋事件訴訟の判決は、山地主のＫと「反Ｋ派」の農民という現在世代に属する人間のみを聞き手とする裁判の紛争解決機能の水準のみでなく、（農民たちの子孫を含む）将来世代に属する人間をも聞き手とする裁判の政策形成機能の水準からも評価されなければならない。それは、入会権の主張によってゴルフ場開発会社によるゴルフ場建設の差止請求訴訟が次々と提起されている事実からも明らかである。

ところで、山地主のＫは、所有権の観念性・絶対性で特徴づけられる近代的所有権を前提に、コモンズの解体を促そうとして自己の主張を展開する。それに対し、共同体的人間である「反Ｋ派」の農民たちは、具体性・全体性で特徴づけられる生業の実践を支える本源的所有権を前提に、コモンズの維持を図ろうとする主張を構築する。近代的所有権は、土地や山林というコモンズの市場における商品への擬制や生産のための「リソース」への転化を促すのに対し、本源的所有権は、そのようなコモンズの商品や「リソース」への擬制ないし転化を阻止することになる。近代的所有権は、現在世代に属する所有権者に土地や山林を商品や「リソース」にすることに関して絶対的な処分権を付与していると考えることができるが、本源的所有権はむしろ、土地や山林がコモンズであり続けるように将来世代に属する人間から現在世代に属する人間に信託されているという思想と適合的である。つまり、受託者である現在世代の人間は、将来世代の人間のために善良な管理者の注意義務をもってコモンズを維持する義務を負っている。小繋事件訴訟で、入会権を主張する「反Ｋ派」の農民を敗訴させた裁判官は、現在世代に属する農民たちの経済的セーフティネットを切断したのみならず、将来世代に属する人間の受託者としての注意義務を怠り、結果としてコモンズが保障する環境的セーフティネットをも切断する判決を下してしまったのである。

経済的利益のみを追求する山地主のＫは、典型的な近代市民法的人間である。生業の実践によってコモンズを維持してきた共同体的人間である「反Ｋ派」の農民は、山地主（資本家）＝強者⟷（入会稼ぎを行なう）農民＝弱者という構図が成立する以上、（入会地の提供する草木などがなければ最低限の生活保障もされないという）具体的特性を〈法廷〉で裁判官によって汲み上げてもらわなければならない現代社会法的人間である。それゆえ、近代市民法的人間である山地主のＫによるコモンズの解体を拒絶するという点に関して、共同体的人間と現代社会法的人間は共同戦線を張ることになる。それは当然である。近代的所有権を制約する本源的所有権は、共同体的人間から現代社会法的人間にまで継承されてきたのである。

環境（公害）訴訟は様々なかたちで現われる。その様々なかたちで現われた環境（公害）訴訟で、ある場合はコモンズを維持するための実践的前提として共同体的人間の生業が再評価され、ある場合はコモンズの破壊を防ぐため差止請求をする近代市民法的人間の活躍が注目され、ある場合は汚染されたコモンズのため重篤な病いを罹患した公害被害者が現代社会法的人間として救済されるか否かに関心が集まる。したがって、Ｇ・ラートブルフやＨ・ジンツハイマーが示唆したような、共同体的人間→近代市民法的人間→現代社会法的人間という単純な法的人間像の一方向的な変遷の図式では環境（公害）訴訟に適切に対処することはできないのである。求められるのは、法的人間像に対する柔軟な複眼的視座なのである。

あとがき

本書の目的は、コモンズという主題に、人間・裁判・言葉などの視座からアプローチすることである。コモンズは今日、環境問題に取り組む多くの研究者たちから熱い関心を集めており、社会学・経済学・歴史学・森林学・文化人類学・資源管理学などの研究領域から貴重な研究業績が次々と発表されている。しかし、本書のように、人間・裁判・言葉の観点からコモンズに切り込む試みはこれまでなかったのではないだろうか。その意味で、本書での試みが、コモンズ研究の新しい視座を開拓することに少しでも寄与できたならば、それほど幸いなことはない。したがって、本書を、環境問題や資源問題に関心を持つ方々のみでなく哲学的人間学・訴訟法学・理論言語学などの研究者の方々が手に取って、厳しいご批判をくださるよう、心より願っている。グローバリゼーションや新自由主義経済によって「生ま身」の人間の生命や生活や暮らしがズタズタに切り裂かれてしまっている現在だからこそ、コモンズの意義が人間の幸福の実現を目指すすべての学問領域の研究者によって再評価されるべきであると確信している。

昨年四月で大学を退職し、今はフリーの研究者（昔の言葉で言えば素浪人）として細々と法人間学の研究を進めているが、その私がコモンズという主題と出会えたことは幸運であった。コモンズは、本書で言及した入会権をめぐる差別のような幾つかの重要な問題を残しているものの、自然を疎外しつつ自然から疎外され、人間を疎外しつつ人間から疎外されている「われわれ」が、力強く再生するための最後の希望である。もちろん、それは素浪人である私自身の希望でもあるのだ。
子供の頃、私は近衛十四郎が演じる素浪人の月影兵庫や花山大吉が活躍するチャンバラ時代劇が大好きであった。近衛の太刀さばきは天下一品であると今でも思っている（最近、近衛の長男の松方弘樹が父親の演じた月影兵庫役に挑戦したが、まったく話しにならなかった。ここは、父親である市川右太衛門の当たり役であった旗本退屈男を見事に継承した息子の北大路欣也に軍配を上げるべきであろう）。コモンズを分析しようとする素浪人である私の太刀さばきは近衛十四郎のように鮮やかなものではないが、それでもその問題の核心に一太刀あるいは二太刀浴びせられていたならば幸いである。

傘張りをしながらも初志を貫いて法人間学の研究を続けていられるのも、奥平康弘・樋口陽一両先生が叱咤激励してくださっているおかげである。たしかに、病気の両親をかかえての素浪人暮らしは経済的に苦しいが、それ以上に困ったのは、法律学関係の文献をなかなか入手できないことであった。その意味で、本書を執筆するために必要であった資料や論文をお送りいただいた、正井章筰（早稲田大学）、和田安夫（西南学院大学）、佐々木典子（同志社大学）、松岡伸樹（姫路獨協大学）各教授のご厚意には感謝の言葉もない。松岡氏はまた、本書の初校に目を通してくださり、有益なアドバイスを与えられた。コモンズ関係の文献については、環境問題についての著作が大変に充実している京都精華大学図書館のお世話になった。

私は二〇〇一年四月から一年間、京都大学大学院人間・環境学研究科で講義を行なった。その際、公共政策学の観点からコモンズの意義についても言及しておいた。その講義にはたまたま外国からの留学生が多数参加していた。大韓民国、中華人民共和国、シンガポール、アメリカ合衆国、スペイン、イスラエル……。彼（女）らの多くはあるいはコモンズの意味を正確には把握できなかったのではないかと思うが、それでも率直かつ積極的に興味深い様々な意見を聞かせてくれた。

本書が完成した今、以上の方々に心より感謝の意を表明する次第である。本当に有難うございました。

現在、コモンズは大変に流行しているテーマである。不勉強の私が参照できたコモンズ関係の文献だけでも膨大な量となる。そのすべてから多くを学んだ私は、本来ならばその全文献を挙げて謝意を表さなければならないのであるが、紙幅の制約により最少限のものにとどめざるをえなかった。また、脚注で明示的に記した引用文献も、その注記の仕方は、同様の理由により、ごく簡略なものとならざるをえなかった。以上の点について、学恩ある先学の皆様に心よりお詫び申し上げる。

法律文化社の小西英央氏には、一介の傘張り浪人にすぎない私の問題関心を理解してくださり、本書の完成まで導いていただいた。学生の頃、法律文化社の教科書で学んだ経験のある私にとって、本書を刊行できることは大変な光栄である。悪筆の生原稿を美しい著作に変身させてくださった関係者の方々すべてにお礼を申し上げる。

京都岩倉にて　二〇〇九年春

小畑　清剛

●著者略歴

小畑清剛（おばた　せいごう）

1956年　京都府に生まれる
1980年　京都大学法学部卒業
1984年　京都大学大学院法学研究科博士課程中途退学
1995年　京都大学博士（法学）
現　在　京都精華大学非常勤講師、前姫路獨協大学教授
（専攻／法哲学・法社会学・法人間学）
著　書　『近代日本とマイノリティの〈生-政治学〉——シュミット・フーコー・アガンベンを中心に読む』（ナカニシヤ出版，2007年），『法における人間・人間における倫理』（昭和堂，2007年），『法の道徳性——歪みなきコミュニケーションのために』（勁草書房，2002年），『魂のゆくえ——〈人間〉を取り戻すための法哲学入門』（ナカニシヤ出版，1997年），『レトリックの相剋——合意の強制から不合意の共生へ』（昭和堂，1994年），『言語行為としての判決——法的自己組織性理論』（昭和堂，1991年），『越境する知3』〔共著〕（東京大学出版会，2000年），『法の臨界Ⅱ』〔共著〕（東京大学出版会，1999年），『差別の社会理論』〔共著〕（弘文堂，1996年），他。

Horitsu Bunka Sha

2009年7月20日　初版第1刷発行

コモンズと環境訴訟の再定位
—法的人間像からの探究—

著　者　小畑清剛
発行者　秋山　泰

発行所　株式会社　法律文化社

〒603-8053　京都市北区上賀茂岩ヶ垣内町71
電話 075（791）7131　FAX 075（721）8400
URL:http://www.hou-bun.co.jp/

印刷：共同印刷工業㈱／製本：㈱藤沢製本
装幀　奥野　章
ISBN 978-4-589-03182-2